河南省科技攻关项目(172102310738)
河南工程学院博士基金项目(D2015025) 资助

# 工作面前方煤体采动卸压规律及其与瓦斯运移相关性

郑吉玉　著

黄 河 水 利 出 版 社
·郑 州·

## 内 容 提 要

本书运用岩石力学、渗流力学等相关知识，探讨采煤工作面前方煤体变形破坏及卸压过程与瓦斯运移相关性，旨在通过把握采煤工作面前方煤卸压与瓦斯运移相关性规律，为采煤工作面前方卸压区瓦斯抽采提供理论依据和指导，以降低卸压区瓦斯涌出量，从而降低瓦斯危险。

本书内容与煤岩采动卸压及瓦斯运移基本理论和实践有关，主要可供煤矿安全相关专业老师和学生、煤矿瓦斯治理技术和管理人员阅读参考。

**图书在版编目(CIP)数据**

工作面前方煤体采动卸压规律及其与瓦斯运移相关性/郑吉玉著. —郑州：黄河水利出版社，2017.10

ISBN 978-7-5509-1873-3

Ⅰ.①工…　Ⅱ.①郑…　Ⅲ.①回采工作面-安全技术　Ⅳ.①TD802

中国版本图书馆CIP数据核字(2017)第258817号

---

出 版 社：黄河水利出版社

地址：河南省郑州市顺河路黄委会综合楼14层　　邮政编码：450003

发行单位：黄河水利出版社

发行部电话：0371-66026940、66020550、66028024、66022620(传真)

E-mail：hhslcbs@126.com

承印单位：虎彩印艺股份有限公司

开本：787 mm×1 092 mm　1/16

印张：7.25

字数：168千字　　　　印数：1—1 000

版次：2017年10月第1版　　　　印次：2017年10月第1次印刷

---

定价：20.00元

# 前　言

瓦斯灾害是煤矿的主要灾害之一，尤其是重特大瓦斯事故造成的伤亡损失占比最大。据统计，2005～2015年重特大煤与瓦斯爆炸事故和重特大瓦斯突出事故占重特大煤矿事故的58.4%，因此瓦斯被称为煤矿安全的第一杀手。受采动影响，采煤工作面前方煤体发生卸压破坏，存在卸压区。卸压区内煤体裂隙发育，瓦斯通过解吸扩散，向采煤工作面大量涌出，给采煤工作面安全采煤带来危险。

本书研究了采煤工作面前方煤体采动卸压与瓦斯运移规律的相关性。通过实验室试验研究了不同加卸载条件下煤的力学性质和压缩扩容过程中煤的渗流特性，理论分析了工作面前方煤体卸压区范围，推导了工作面前方煤体孔隙率动态变化方程、渗透率变化方程，并应用多物理场耦合软件模拟了工作面前方煤体垂直应力变化规律、渗透率变化规律、瓦斯压力变化规律。现场实测了工作面前方应力分布和钻孔瓦斯流量随工作面推进变化规律，通过对比，现场实测与理论分析和数值模拟较为一致。

基于工作面前方煤体卸压增透效应，给出了工作面前方钻孔卸压瓦斯抽采量计算公式，并根据钻孔成孔率及盲区范围对钻孔偏角进行了优化，确定了合理钻孔偏角，为工作面前方煤体卸压区瓦斯抽采提供指导。具体内容包括：绪论、煤的卸围压及加卸载试验研究、煤的压缩扩容与渗流试验研究、考虑孔隙瓦斯压力的工作面前方煤体卸压区范围研究、工作面前方采动煤体瓦斯运移方程及数值模拟、工作面前方煤体采动卸压增透效应及预抽钻孔偏角优化、结论与展望。

由于作者水平有限，书中难免存在错误和不足之处，敬请广大读者谅解。

**作　者**
2017年8月

# 目　录

# 第1章 绪 论

## 1.1 选题背景及研究意义

### 1.1.1 选题背景

随着采深的增加和科技的发展,煤矿开采表现出新的特点,主要有:综合机械化开采成为主要的开采方式,开采强度大造成采场空间的不稳定性增加,是导致瓦斯涌出量增加的主要因素之一,增加了瓦斯治理难度,也给采掘空间带来一定的瓦斯危险;随着埋深的增加,地应力和瓦斯含量增大,综合各种因素的复杂事故(如冲击诱导型煤与瓦斯突出事故)越来越多;煤岩体采掘过程中,采动影响、瓦斯运移、地应力等各种复杂因素叠加,影响煤矿安全高效生产[1,2]。

从国家重大事故统计看,煤矿事故在国家重大事故中所占比例较大。2013 年、2014 年煤矿事故分别造成 1 067 人、931 人死亡。2013 年 10 人以上重大事故共 12 起,共造成 221 人死亡,其中煤与瓦斯突出事故 3 起,瓦斯爆炸事故 5 起,即共 8 起为瓦斯事故。2014 年 10 人以上重大事故 14 起,共造成 229 人死亡,其中煤与瓦斯突出事故 3 起,瓦斯爆炸事故 6 起,即共 9 起为瓦斯事故。2013 年、2014 年煤矿 10 人以上重大事故中,瓦斯事故起数分别占总事故起数的 75%、64.3%。从近几年的煤矿重大事故看,煤矿瓦斯事故起数多、伤亡大;从煤矿开采新特点看,高强度开采造成瓦斯治理难度不断增大,因此加强瓦斯治理降低瓦斯事故的发生是降低国家重大事故发生的迫切措施。

受煤体开挖影响,煤体原始应力水平状态被打破,导致采煤工作面前方煤体应力的二次分布。应力的变化使煤体经历弹性变形、塑性变形和破坏过程,且这种过程周而复始地发生。采煤工作面的回采引起煤壁前方煤体应力二次分布并使煤体结构发生变化,这种变化经历了煤体的孔隙压缩闭合、微裂隙产生、微裂隙扩展和宏观裂隙的产生、扩展,继而形成相互贯通的宏观裂隙网络,而随之引起采煤工作面前方煤体渗透性的改变,这种渗透性的变化与裂隙的演变息息相关。在采煤工作面前方煤体渗透率变化过程中,紧邻采煤工作面煤壁的前方卸压区内煤层渗透率急剧增大,为工作面前方本煤层倾斜钻孔卸压区瓦斯抽采提供了瓦斯源,具有非常重要的意义[3,4]。瓦斯运移与采煤工作面前方煤体的变形破坏及裂隙演化是一个复杂的过程,其中还伴随着应力的不断变化,因此应将瓦斯运移规律与采动影响下采煤工作面前方煤体的变形破坏过程以及应力变化有机地结合起来。

### 1.1.2 研究意义

煤壁瓦斯涌出量是采掘空间瓦斯涌出量的重要组成部分,占较大比例,而煤壁前方煤体卸压区为煤壁瓦斯提供源源不断的瓦斯源,且煤与瓦斯突出也与工作面前方卸压瓦斯涌出异常有关,因此工作面前方卸压瓦斯不仅易造成采煤工作面瓦斯积聚,也是促使煤与瓦斯突出的因素之一。工作面前方卸压瓦斯运移规律及瓦斯治理既是目前煤矿安全的重要研究内容之一,也是目前煤矿瓦斯的研究热点之一。

瓦斯在未受开采扰动的煤层中,长期处于一定瓦斯压力水平。受采动影响,工作面前方煤体受力变形,产生卸压破坏,此过程又伴随孔隙率、渗透率变化以及瓦斯运移过程。由于采动卸压与瓦斯运移的复杂性,针对开采扰动下采煤工作面前方煤体卸压与瓦斯运移相关性方面的研究尚不够完善。受采动影响,采煤工作面前方煤体成为一个非稳态过程,瓦斯运移和采动卸压是相互影响、相互制约的综合作用系统,因此有必要进行综合系统的研究。

研究采动影响下采煤工作面前方煤体变形破坏过程与瓦斯运移的关系,旨在通过研究开采扰动下工作面前方煤体的变形破坏过程,研究与其相关的瓦斯运移规律,尤其是卸压区的瓦斯运移规律,从而为采煤工作面前方煤体卸压瓦斯抽采提供理论依据。采煤工作面前方煤体钻孔卸压瓦斯的抽采使瓦斯含量和突出危险性降低,也避免了采煤工作面瓦斯积聚危险的发生,因此掌握采煤工作面前方煤体的变形破坏与瓦斯运移相关规律,对指导工作面高效抽采、保障工作面安全回采具有重要意义。

## 1.2 采动影响下煤体破坏及卸压范围理论研究现状

### 1.2.1 煤岩强度准则

长期以来,人们对煤岩应力应变下的屈服、破坏进行了研究,总结了煤岩破坏的一般规律,形成了煤岩强度准则。强度准则也是各种材料强度计算及工程设计的基础,自从Coulomb强度准则发现以来,陆续出现了多种强度准则,不同的强度准则基于不同的条件假设以及对应不同的材料适用范围。

#### 1.2.1.1 Mohr – Coulomb 强度准则[5]

井下煤岩采掘引起应力集中以及卸压,从而导致煤岩体的破坏,即煤岩体的破坏是在一定应力下发生的,对应为破坏强度。在以往的研究中,许多强度准则被提出,最简单也是最早被提出的是Coulomb准则,它于1773年由Coulomb提出,认为煤岩体的破坏主要是剪切破坏,因此又称为剪切强度准则。Coulomb准则表达式用来描述剪切应力参数和正应力参数关系,其定义用式(1-1)表示。

$$\tau = C + \sigma\tan\varphi \tag{1-1}$$

式中,$\tau$ 为煤岩体抗剪强度;$\sigma$ 为剪切破坏面上正应力;$\varphi$、$C$ 分别为煤岩体抗剪内摩擦角和黏聚力。

1900年,Mohr把Coulomb强度准则扩展到三轴应力条件,提出了Mohr强度准则,并认为剪应力是正应力的函数,且与材料性质密切相关,其函数表示为

$$\tau = f(\sigma) \tag{1-2}$$

式(1-2)所表达的曲线通过单轴拉伸、单轴压缩及三轴应力条件下破坏时的Mohr应力圆包络线获得,根据大量试验结果,破坏曲线形式主要有直线形、双曲线形、抛物线形。

由于 Coulomb 准则可看作 Mohr 强度准则的特例，且两种强度准则应用范围较广，因此合称为 Mohr – Coulomb 强度准则。

#### 1.2.1.2　Griffith 强度准则

1921 年英国科学家 Griffith[6] 提出：受固体材料内部存在裂缝或缺陷因素的影响，固体材料的实际强度低于理论强度。Griffith 指出如果材料体系的总能量降低，则原有的裂隙将扩展，其能量平衡方程可用下式表示

$$U = U_0 + U_\alpha + U_p - F \tag{1-3}$$

式中，$U_0$ 为无裂隙表面的弹性能（常数）；$U_\alpha$ 为引起裂隙的弹性能变化的值；$U_p$ 为形成裂隙表面的弹性能变化的值；$F$ 为由外力做的功。

根据裂纹扩展的能量不稳定原理可以确定裂纹扩展的条件，1924 年 Griffith[7] 在压缩试验中应用上述理论，形成 Griffith 强度准则

$$\begin{cases} \dfrac{(\sigma_1 - \sigma_3)^2}{\sigma_1 + \sigma_3} = 8\sigma_t & (\sigma_1 + 3\sigma_3 \geqslant 0) \\ \sigma_3 = -\sigma_t & (\sigma_1 + 3\sigma_3 < 0) \end{cases} \tag{1-4}$$

式中，$\sigma_1$ 为第一主应力；$\sigma_2$ 为第三主应力；$\sigma_t$ 为煤岩的单轴抗拉强度。

周群力[8]（1979）等将岩体中的裂隙模拟为裂纹，通过断裂力学的方法分析裂隙的开裂、扩展、贯通直至破坏的过程，结合 Mohr – Coulomb 强度理论，建立了相关断裂准则，即

$$l_{12} \sum K_{\text{I}} + \sum K_{\text{II}} = \overline{K}_{\text{IIC}} \tag{1-5}$$

式中，$l_{12}$ 为压剪系数；$K_{\text{I}}$、$K_{\text{II}}$ 为应力强度因子；$\overline{K}_{\text{IIC}}$ 为压缩状态的剪切韧度。$l_{12}$、$\overline{K}_{\text{IIC}}$ 由压剪试验确定。

#### 1.2.1.3　Drucker – Prager 强度准则[9]

Drucker – Prager 强度准则是基于塑性力学中的 Mises 强度准则和 Mohr – Coulomb 准则而建立的，可用下式表示

$$s_m I_1 + \sqrt{J_2} - t_n = 0 \tag{1-6}$$

式中，$s_m$、$t_n$ 分别为与煤岩黏聚力 $C$ 和内摩擦角 $\varphi$ 有关的常数，用下式计算

$$\begin{cases} s_m = \dfrac{2\sin\varphi}{\sqrt{3}(3 - \sin\varphi)} \\ t_n = \dfrac{6C\cos\varphi}{\sqrt{3}(3 - \sin\varphi)} \end{cases} \tag{1-7}$$

其中，$I_1$、$J_2$ 为应力偏量（分别为第一、第二不变量），表达式分别为

$$\begin{cases} I_1 = \sigma_1 + \sigma_2 + \sigma_3 \\ J_2 = \dfrac{1}{6}[(\sigma_1 - \sigma_2)^2 + (\sigma_1 - \sigma_3)^2 + (\sigma_2 - \sigma_3)^2] \end{cases} \tag{1-8}$$

#### 1.2.1.4　Hoek – Brown 强度准则

1980 年，Hoek 和 Brown 提出了 Hoek – Brown 强度准则[10]。Hoek – Brown 强度准则反映了煤岩破坏时主应力间的非线性关系，即

$$\sigma_1 = \sigma_3 + \sigma_c\left(m_i \frac{\sigma_3}{\sigma_1} + 1\right)^{\frac{1}{2}} \tag{1-9}$$

式中，$\sigma_c$ 为煤岩的单轴抗压强度；$m_i$为经验参数；其他符号含义同前。

通过对大量试验结果的分析和论证，Hoek 提出了修正的广义强度准则[11]，即

$$\sigma_1 = \sigma_3 + \sigma_c (m_i \frac{\sigma_3}{\sigma_1} + s)^t \tag{1-10}$$

式中，$s$、$t$ 为有关经验常数；其他符号含义同前。

B. Singh[12]基于 Hoek – Brown 准则提出考虑中间主应力的强度准则，即

$$\sigma_1 = \sigma_3 + \sigma_c (m_i \frac{\sigma_2 + \sigma_3}{2\sigma_1} + s)^t \tag{1-11}$$

#### 1.2.1.5 幂函数强度准则

1965 年，Murrell[13]提出幂函数强度准则，即

$$\sigma_1 = F_i {\sigma_3}^{F_s} + \sigma_c \tag{1-12}$$

式中，$F_i$、$F_s$ 为常数。

随后，Bieniawski[14]提出了如下经验强度准则

$$\frac{\sigma_1}{\sigma_3} = 1 + e_i (\frac{\sigma_1}{\sigma_3})^{f_i} \tag{1-13}$$

式中，$e_i$、$f_i$ 为常数；其他符号含义同前。

Ryunoshin Yoshinaka [15]等提出包含剪应力和主应力的幂函数强度准则，刘宝琛[16]等将大量试验数据进行了应用，得出幂函数强度准则表达式如下

$$\frac{\tau_m}{\tau_{m0}} = A_i (\frac{\sigma_m}{\sigma_{m0}})^{B_i} \tag{1-14}$$

式中，$\tau_m$、$\tau_{m0}$、$\sigma_m$、$\sigma_{m0}$分别为三轴应力极限状态下的最大剪应力、单轴压缩应力极限状态下的最大剪应力、三轴应力极限状态下的平均法向应力、单轴压缩应力极限状态下的平均法向应力；$A_i$、$B_i$为与煤岩性质相关的系数。

#### 1.2.1.6 统一强度准则[17,18]

统一强度准则是在双剪应力屈服准则基础上建立的，其形式如下

$$\begin{cases} \tau_{13} + \tau_{12} = \sigma_1 - \frac{1}{2}(\sigma_1 + \sigma_3) & (\tau_{12} \geqslant \tau_{23}) \\ \tau_{13} + \tau_{23} = \frac{1}{2}(\sigma_1 + \sigma_3) - \sigma_3 & (\tau_{12} < \tau_{23}) \end{cases} \tag{1-15}$$

随后俞茂宏提出广义双剪应力强度准则，其形式如下

$$\begin{cases} F = \tau_{13} + \tau_{12} + \beta(\sigma_{13} + \sigma_{12}) = c & (F \geqslant F') \\ F' = \tau_{13} + \tau_{23} + \beta(\sigma_{13} + \sigma_{23}) = c & (F < F') \end{cases} \tag{1-16}$$

由于双剪应力强度准则适用范围的局限性，俞茂宏提出适用岩土材料的统一强度准则，其形式如下

$$\begin{cases} \tau_{13} + b\tau_{12} + \beta(\sigma_{13} + b\sigma_{12}) = c & (\tau_{12} + \beta\sigma_{12} \geqslant \tau_{23} + \beta\sigma_{23}) \\ \tau_{13} + b\tau_{23} + \beta(\sigma_{13} + b\sigma_{23}) = c & (\tau_{12} + \beta\sigma_{12} < \tau_{23} + \beta\sigma_{23}) \end{cases} \tag{1-17}$$

式(1-15)～式(1-17)中，$b$、$\beta$ 为系数（分别与中间主剪应力和正应力相关）；$c$ 为强度参数；$\tau_{13}$、$\tau_{12}$、$\tau_{23}$分别为各作用面上的双剪应力；$\sigma_{13}$、$\sigma_{12}$、$\sigma_{23}$分别为各作用面上的正应力。

强度准则的选择直接影响计算结果，因此选择正确的强度准则往往比计算过程重要。煤岩体本身脆延特征不同、所处的应力条件不同，对应的强度准则也不同。在工程应用及试验研究中，选择正确的强度准则，对提高煤（岩）体应力应变、塑性区范围、卸压区范围计算的准确性大有裨益。

## 1.2.2　采动影响下的煤岩塑性破坏区理论

### 1.2.2.1　采动影响下的煤岩塑性区范围研究现状

有关采动影响下煤岩塑性区及卸压区范围的研究，国内外不少学者做出了积极的贡献。在相关研究中，采用的屈服破坏准则不尽相同，以 Mohr - Coulomb 准则为主；研究的巷道形状也有区别，以圆形巷道为主。有关塑性区范围计算公式，以 Fenner 公式和 Kastner公式最为著名，随后国内外不少学者在 Fenner 公式和 Kastner 公式的基础上对塑性区范围计算公式进行了修正和改进[19,20]，同时也有学者采用不同的研究方法确定塑性区范围。

关于塑性区范围的研究，从理论基础上看，根据破坏准则不同，塑性区范围的研究主要有 Mohr - Coulomb 准则、Druker - Prager 准则、Hoek - Brown 准则等，其中以 Mohr - Coulomb 准则应用最为广泛；从研究角度上看，对塑性区范围的研究考虑因素各有不同，如郑颖人等[21]认为塑性区范围为时间 $t$ 的函数，马念杰等[22]把岩石的全应力应变曲线峰后残余强度作为塑性软化强度，翟所业等[23]考虑了中间主应力因素，熊仁钦[24]考虑了三维应力条件，赵国旭等[25]考虑了煤（岩）柱稳定性。另外，塑性区范围研究的从岩体到煤体，从圆形巷道到矩形巷道，所得到的塑性区范围计算公式各不相同。这方面的内容将在后面章节进行详细阐述。

对塑性区范围的研究，考虑的是围岩峰前屈服条件下的应力平衡状态，而对于围岩峰后残余阶段的应力平衡，通常得到的是煤岩破坏后形成的松动圈，这方面的理论称为松动圈理论。

### 1.2.2.2　采动影响下的围岩松动圈理论研究现状

煤岩巷道开挖以后，开挖巷道周围由原岩应力状态转为应力集中状态，当应力大于煤岩强度时，煤岩发生屈服破坏，继而导致巷道周围煤岩形成破裂区域，称为松动圈。早在20 世纪早期，随着普氏理论（自然平衡拱理论）的提出，松动圈理论开始发展应用；随后太沙基提出与地压理论相关的冒落拱理论，但其适用性随着埋深的增加而降低。金尼克基于弹性理论计算了圆形巷道的围岩侧向位移量。芬纳尔基于塑性理论计算了竖井和水平硐室围岩的屈服区半径。拉巴斯把巷道围岩进行了分区，并给出了松裂区的计算公式。鲁宾涅特基于拉巴斯和芬纳尔的理论，提出了圆形巷道松动裂隙区（非弹性变形区）与围岩位移的计算公式[26]。

20 世纪 70 年代，日本学者采用声波测试技术对松动圈进行了实测，并建立了与波速相关的松动圈范围计算公式。A. K. Dube 等在忽略围岩性质等因素影响的情况下，以弹塑性理论为基础估算了松动圈（破碎区）范围。L. Z. Wojno 基于松动圈范围和侧向位移对岩石进行了简单分类。E. l. Shemyakin 等建立了包括原始应力、埋深、煤岩强度、跨距的松动圈计算公式[27]，认为巷道开挖后，由于产生的集中应力大于围岩的强度，使围岩产生松动的破裂带,称为松动圈。文献[28]基于声波法对松动圈(破裂带)的实测,提出围岩松动圈理论和锚喷支护理论。文献[29]研究了软岩巷道工程的判定方法,提出采用围岩的松动圈厚度这一定量指标进行判定,具有简单、方便和较准确的特点。文献[30]认为松动圈由塑性软化区和破碎区两部分组成,并采用动静力学进行的解释分析,推导出松动圈半径计算公式,并现场测试验证了其正确性。文献[31]认为声波法对煤层等软岩松动圈的观测并不准确,提出采用地质雷达法对围岩松动圈进行观测,较为方便有效。此外,松动圈的测定方法还有电阻率法、地震波法等。文献[32]采用钻孔数字摄像以及配套的软性系统分析方法测试煤矿巷道的围岩松动圈,并与声波法对比,误差较小,且连续、可靠、直观。文献[33]分析了受采动影响的围岩松动圈范围的影响因素,认为与采深、围岩强度、支护、采动影响、时间等关系密切。

上述理论学说及计算公式虽然是在一定假设条件下推导出来的且各有其局限性,但对松动圈理论起了推动作用,仍有较广泛的应用。由于井下环境及松动圈影响因素的复杂性,目前尚无统一的松动圈计算公式,围岩的应力分布及裂隙演化规律有待进一步研究。

#### 1.2.2.3 采动影响下的深部围岩分区破裂研究现状

在深部巷道,人们在观测松动圈的时候发现围岩松动圈内部存在分区破裂化现象。20 世纪 70 年代,苏联学者首次发现了分区破裂化现象。随后不少学者采用电阻率、超声透射、潜望镜、地球物理等方法分别观测到了分区破裂化现象,有的多达 4 ~5 个周期裂纹区。近年来,国内学者在分区破裂化方面的研究也取得了不少成果[34]。

文献[35]根据国内外分区破裂化方面的研究,总结了分区破裂化的发生条件及发展规律特征。文献[36]认为分区破裂化的产生需要两个条件:一是需要较大的轴向应力,才能引起多次破坏;二是需要足够的能量突然释放,产生足够大的拉应力,使围岩发生多次受拉破坏。文献[37]采用钻孔窥测仪以录像形式观测了淮南矿区深部巷道围岩的分区破裂化现象,证实了该现象的存在。根据深部分区破裂的发生条件,文献[38]以最大支撑力区发生破坏的深度作为深部界定标准。文献[39]通过能量平衡分析,研究了分区破裂化(间隔性区域断裂)的形成机制,认为分区破裂化与原岩应力、巷道半径及围岩的力学参数有关。文献[40]采用三维相似模拟方法研究了淮南矿区某矿的分区破裂化。在分区破裂化研究中,文献[41]提出了连续相变理论。通过序参量塑性剪切变形并利用自由能及热力学相关理论,得到多个破裂区的发展特征。文献[42]基于弹性力学和断裂力学研究了破裂区的发生条件并根据残余强度特征及时间确定破裂区的数量和宽度。文献[43]、[44]等研制了模拟深部巷道围岩分区破裂的相似模拟试验装置,观察到分区破裂现象,发现只有在硐室轴线方向与最大主应力方向平行时,才会发生分区破裂化现象。

煤矿开采进入深部以后,巷道(硐室)围岩的应力状态变得更复杂,目前分区破裂的研究在国内尚处于起步阶段,分区破裂现象还需要大量的试验进行验证,分区破裂相关机制需进一步研究。

# 1.3　煤层瓦斯运移规律研究现状

瓦斯在煤体内的运移规律分为两个过程:一是孔隙(小孔)瓦斯的扩散;二是裂隙(包括大孔)瓦斯的渗流。受采煤扰动影响,煤层内气体的平衡状态被打破,瓦斯首先由吸附状态转变成游离状态,高浓度的游离瓦斯与孔隙空间内的低浓度瓦斯形成浓度差,瓦斯发生扩散。煤层内的裂隙为大量的扩散瓦斯提供了汇集和运移通道,形成瓦斯渗流。

## 1.3.1　孔隙瓦斯扩散理论研究现状

扩散是物质从一个系统运移到另一个系统并造成分子减少的运动过程。Thomas Graham 最早对气体扩散进行了定量试验研究,发现了 Graham 扩散定律(Graham's law):认为两种气体扩散相互接触(相互混合)的体积并不相等,而每一种气体的扩散体积与该气体密度的平方根成反比。

Fick 在 1855 年研究了盐水混合系统的扩散现象,结果表明:盐的扩散量与浓度梯度成正比,并引入了扩散系数概念。假设扩散在一维空间进行,Fick 扩散定律[45]表达式为

$$J = -D\frac{\partial C}{\partial x} \tag{1-18}$$

式中,$J$ 为通量;$D$ 为扩散系数;$C$ 为浓度;$\frac{\partial C}{\partial x}$为浓度梯度。

把 Fick 扩散定律扩展到三维流场,其表达式为

$$\frac{\partial C}{\partial t} = D\left(\frac{\partial^2 C}{\partial x^2} + \frac{\partial^2 C}{\partial y^2} + \frac{\partial^2 C}{\partial z^2}\right) \tag{1-19}$$

气体分子在多孔介质中的扩散与孔隙直径和气体分子的自由程有关,而煤的孔隙按直径不同有不同的分类,设孔隙直径 $d$ 与气体分子自由程 $\lambda$ 的比值为 $K_n$,其表达式为

$$K_n = \frac{d}{\lambda} \tag{1-20}$$

式中,$K_n$为 Knudsen 数,当 Knudsen 数大于等于 10 时,扩散遵循 Fick 定律。

通过大量的试验及实践经验,煤屑(多孔介质)瓦斯扩散符合 Fick 扩散定律。

当 Knudsen 数小于等于 0.1 时,扩散遵循 Knudsen 扩散,这种扩散是由分子与孔隙壁的碰撞造成的。Knudsen 扩散系数与气体性质有关[46],如下式

$$D_n = \frac{2}{3}r\sqrt{\frac{8RT}{\pi M}} \tag{1-21}$$

式中,$D_n$ 为努森扩散系数;$r$ 为半径;$R$ 为气体常数;$T$ 为绝对温度;$M$ 为瓦斯相对分子质量。

当 $0.1 \leqslant K_n \leqslant 10$ 时,为过渡性扩散,既有努森扩散的发生又伴随着菲克扩散。

煤层中瓦斯多以吸附状态存在,在煤粒表面往往存在大量吸附瓦斯,当孔隙表面的瓦斯分子由于浓度差的作用发生扩散时,称为表面扩散。表面扩散系数为

$$D_{se} = D_{s0}e^{-\frac{E_a}{RT}} \tag{1-22}$$

式中，$D_{se}$为表面扩散系数；$D_{s0}$为与气体性质和介质有关的常数；$E_a$为表面能量。

当孔隙较大时，表面扩散与 Fick 扩散相伴进行。

此外，当压力增加到一定程度时，还可能发生晶体扩散，或以固体瓦斯形式存在。由于煤中孔隙尺寸分布以符合 Fick 扩散为主，因此 Fick 扩散使用得更为广泛。

Stephan 和 Neumann 在研究 Fick 扩散的基础上，首次认识到边界条件对解扩散方程的重要性[47]。杨其銮和王佑安[48,49]根据 Fick 扩散定律并借助热传导的研究方法，求出了第一类边界条件下煤屑瓦斯扩散率的近似计算公式。

$$\delta(t) = \frac{Q_t}{Q_\infty} = \sqrt{1 - e^{-KBt}} \tag{1-23}$$

式中，$\delta(t)$为扩散率；$Q_t$ 为 $t$ 时间的累积扩散通量；$Q_\infty$ 为极限扩散通量；$K$ 为校正系数；$B = 4\pi^2 D/d^2$，其中 $D$ 为扩散系数，$d$ 为煤屑直径。

郭勇义等[50]假设煤粒内部瓦斯扩散服从 Fick 扩散，表面瓦斯扩散符合对流传质原理，建立了第三类边界条件下的扩散微分方程。

$$\begin{cases} \dfrac{\partial c}{\partial t} = D\left(\dfrac{\partial^2 c}{\partial r^2} + \dfrac{2}{r}\dfrac{\partial c}{\partial r}\right) \\ t = 0, 0 < r < r_0; c = c_0 \\ t > 0, \dfrac{\partial c}{\partial r}(r = 0) = 0, -D\dfrac{\partial c}{\partial r}(r = r_0) = \alpha(c_s - c_1) \end{cases} \tag{1-24}$$

式中，$r_0$ 为半径；$c_0$、$p_0$ 分别为初始瓦斯浓度和初始瓦斯压力；$c_s$、$c_1$ 分别为表面瓦斯浓度和游离瓦斯浓度；$\alpha$ 为极限吸附量。

文献[51]～[53]分别给出了煤粒瓦斯扩散的理论模型，并求出其解析解。此外煤孔隙瓦斯扩散还受温度、外载荷、水分、物理化学结构的影响。温度升高时，瓦斯扩散能力增加。外载荷和水分使瓦斯扩散能力减弱。煤的物理化学结构对瓦斯扩散的影响是一个复杂的课题，还需深入研究。

### 1.3.2 瓦斯渗流理论研究现状

法国水利工程师达西通过水压过砂粒试验发现线性渗流理论——Darcy 定律，其表达式如下[54]

$$v = -\frac{K}{\mu}\frac{\partial p}{\partial l} \tag{1-25}$$

式中，$v$ 为流速；$K$ 为渗透率；$\frac{\partial p}{\partial l}$为压力梯度；$\mu$ 为黏度。

国内外学者普遍认为，瓦斯在煤层中的渗流符合 Darcy 定律，此定律是煤矿瓦斯防治的基础理论之一，应用广泛。

日本学者发现在非线性层流和紊流情况下，幂定律更符合煤层瓦斯运移的规律，其表达式为

$$v_n = -a\left(\frac{dp}{dl}\right)^m \tag{1-26}$$

式中,$v_n$ 为流速(无因次);$a$ 为渗透系数;$m$ 为指数,通常取 1 ~ 2;$\frac{dp}{dl}$为压力梯度(无因次)。

文献[55]中,国内学者孙培德认为煤体是非均质的各向异性的孔隙裂隙二重介质,日本学者樋口澄志教授的瓦斯渗流数学模型不够严密,因此对幂定律进行了推广,推广形式如下

$$\begin{cases} U_n = -A_{xx}(\frac{\partial p}{\partial x})^{m_1} - A_{xy}(\frac{\partial p}{\partial y})^{m_2} - A_{xz}(\frac{\partial p}{\partial z})^{m_3} \\ v_n = -A_{yx}(\frac{\partial p}{\partial x})^{m_1} - A_{yy}(\frac{\partial p}{\partial y})^{m_2} - A_{yz}(\frac{\partial p}{\partial z})^{m_3} \\ W_n = -A_{zx}(\frac{\partial p}{\partial x})^{m_1} - A_{zy}(\frac{\partial p}{\partial y})^{m_2} - A_{zz}(\frac{\partial p}{\partial z})^{m_3} \\ \vec{Q}_n = U_n\vec{i} + v_n\vec{j} + W_n\vec{k} \end{cases} \tag{1-27}$$

式中,$\vec{Q}_n$ 为流速;$U_n$、$v_n$、$W_n$ 为流速分量;$\frac{\partial p}{\partial x}$、$\frac{\partial p}{\partial y}$、$\frac{\partial p}{\partial z}$为压力梯度分量;$A_{xx}$,$A_{xy}$,…,$A_{zz}$为系数;$m_1$、$m_2$、$m_3$ 为 $x$、$y$、$z$ 方向的指数。

赵阳升等[56]考虑了三维应力状态下孔隙瓦斯压力和体积应力对渗透率的影响,提出相应的渗流模型,即

$$K = K_0 p^{\eta} e^{b(\theta - 3\alpha p)} \tag{1-28}$$

式中,$K$ 为渗透率;$K_0$ 为初始渗透率;$p$ 为瓦斯压力;$\eta$ 为吸附作用系数;$\theta$ 为体积应力;$b$、$\alpha$ 为相关系数。

周世宁等[57~60]对煤层瓦斯流动理论做了大量研究工作,认为瓦斯在煤层中的流动是扩散和渗透的结合。以扩散定律和 Darcy 定律为基础分别建立了球向扩散微分方程和瓦斯裂隙单向流动微分方程,通过瓦斯含量把两者联系起来,并用代数法进行了求解。

在受载及卸压状态下,煤体应力发生变化,渗透率也随之变化。煤体受载状态下渗透率与应力的关系以及卸压状态下渗透率与应力的关系往往分开来研究。周世宁等[54]、Swan[61]、Gangi[62]通过对受载状态下瓦斯渗流的变化研究,分别得到了受载状态下煤体渗透率与应力的关系模型。周世宁等[54]、梁冰[63]、缪协兴等[64]、尹光志等[65]通过对卸压状态下瓦斯渗流的变化研究,分别得到了卸压状态下煤体渗透率与应力的关系模型。美国学者 Harpalani S 等[66]、郑哲敏等[67]等根据能量守恒原理,结合固体力学和 Darcy 定律,研究了煤与瓦斯突出过程中的瓦斯流动模型。

在煤层瓦斯运移规律的研究中,往往把扩散或渗流单独研究,实际上受采动影响的煤层瓦斯扩散和渗流是一个连续性的过程。受采动影响,采煤工作面前方煤体应力集中导致煤体孔隙裂隙扩展,从而影响瓦斯的扩散与渗流。采动影响引起的采煤工作面前方卸压区的产生,以及由此引起卸压区域内的瓦斯大量解吸扩散和运移,为卸压区瓦斯抽采提供了现实和理论依据。对于采煤工作面安全回采及卸压瓦斯抽采具有重要意义。

## 1.4 采动影响与瓦斯运移相关性研究现状

煤层开采后,采动影响主要包括对工作面前方煤体以及上覆、底板煤岩体的影响,而

采动影响,工作面前方煤体及上覆、底板煤岩体卸压,裂隙发育,为瓦斯运移提供便利条件,利用采动卸压进行瓦斯抽采的应用已有广泛应用,如保护层卸压抽采、裂隙带抽采、工作面前方煤体卸压区瓦斯抽采。因此,采动卸压与瓦斯运移密切相关,且卸压瓦斯抽采应用广泛。

Terzaghi[68]最早研究了土体和流体相互作用的现象,提出了应用广泛的有效应力公式,作为基础公式,这一应力公式仍是研究岩体和流体相互作用的重要公式,但其局限于一维弹性孔隙介质中的饱和流体。Biot[69]在 Terzaghi 研究的基础上, 将 Terzaghi 的一维工作推广到了三维介质固结问题,并给出了一些算例,为流固耦合理论奠定了基础,随后在各向异性多孔介质中也得到推广应用。Verruijt[70]在前人研究的基础上,建立了多相流动和变形孔隙介质问题的耦合理论模型,此理论模型为连续介质力学的系统框架内多相渗流与孔隙介质相关性理论的重大发展。研究发现应力与渗透率具有相关性,Somerton[71]是较早研究该现象的学者之一,他认为相比最大主应力方向和加载顺序,应力变化历程对渗透率影响更大,并给出了应力与渗透率的关系式,关系式包含一个负指数项和一个开三次方项。Durucan 和 Edwards[72]研究了裂隙煤体的应力影响半径与渗流现象,给出了渗透率与应力半径的关系式。Seidle[73]给出了新的渗透率与应力的关系式,关系式包含体积压缩系数和静水压力差。Seidle 和 Huitt[74]研究了煤基质收缩下的孔隙率方程,并指出渗透率与初始渗透率的比值为孔隙率与初始孔隙率比值的三次方。Palmer 和 Mansoori[75]考虑基质收缩和有效应力,提出了相应的孔隙率计算公式,并在此基础上提出包含孔隙压缩系数的渗透率方程。Pekot 和 Reeves[76]考虑了瓦斯和二氧化碳气体的膨胀效应,提出了新的孔隙率计算公式。Gilman 和 Beckie[77]假设煤体为弹性介质,且水平方向应变为零,发展了煤层瓦斯运移理论计算模型,模型包含基质和裂隙两部分,分别遵循努森扩散和达西定律。现有多数模型均为考虑水平方向应变,但在现实地应力条件下及三轴应力渗流试验中,径向应变对渗透率影响较大[78]。

赵阳升等[79,80]在煤体应力应变和瓦斯运移的基础上,提出了煤体—瓦斯相关性数学方程,并通过现场实例给出了数学方程的数值解法,数值解证明了其正确性。梁冰[81,82]等把煤层中的瓦斯看作是可压缩气体运移,提出了煤体变形与瓦斯运移相关的数学方程。孙培德等[83~85]发现近距离煤层间瓦斯具有越层流动现象,基于此现象提出了煤层瓦斯越流数学模型,模型考虑了煤岩变形与瓦斯越流的相互作用,给出数值算例,并通过现场实测对该理论进行了验证。吴世跃[86]考虑了吸附变形、解吸扩散的作用,认为煤体变形、介质吸附变形与瓦斯扩散解吸和游离瓦斯流动存在完全耦合、半耦合和非耦合运动的关系,并分别建立了相关微分方程。

近年来,国内关于耦合试验装置的研制及试验成果颇多,唐巨鹏等[87]利用三轴渗流仪,对瓦斯解吸和渗流相关性进行了研究。试验过程考虑了固流相关作用影响,模拟了三轴应力状态下和不同加载条件下的瓦斯流动过程。许江等[88]、尹光志等[89]结合伺服压力机和瓦斯渗流设备的功能,研制了多功能三轴渗流装置,由于其在渗流过程中实现了力的加卸载伺服控制,功能完善,目前该仪器国内使用频率较高,该装置可进行在不同围压、温度和加卸载条件下的渗流试验,并得到了一些国内认可的试验成果。曹树刚等[90]研制了煤岩固气耦合细观力学试验装置,它使瓦斯的试验环境与细观力学相结合,因此所研究的煤岩—瓦斯变形破坏规律，具有更加接近矿山实际的优点。

以上研究所建立的数学模型往往以小变形为假设，即以弹性理论为基础建立相关理论模型，而在采煤过程中，采煤工作面前方的煤体既经历了弹性变形，也经历了塑性和破坏过程，在塑性和破坏过程中，煤层瓦斯大量解吸扩散既给采煤工作面瓦斯治理带来了危险，也为采煤工作面前方卸压区瓦斯抽采提供了理论和现实依据。

# 第2章 煤的卸围压及加卸载试验研究

采煤过程中,工作面前方煤体存在加载过程、卸载过程以及同时存在加卸载过程,通过实验室试验可对上述过程进行模拟。本章主要介绍了TAW-2000岩石三轴试验机的系统组成以及可以实现的各项功能,该装置可以实现单轴、三轴压缩,以及不同加卸载条件下的力学试验,其动力加载系统采用伺服控制,控制精确性和稳定性高。在TAW-2000岩石三轴试验机上进行了煤的常规三轴试验、卸围压试验、加卸载试验,分析了几种应力路径下煤的应力应变特征、强度特征和破坏特征,并对几种应力路径下的各种特征进行了对比分析,通过煤的力学试验,揭示了工作面前方煤体力学特性演化的一般规律。

## 2.1 概 述

煤矿井下煤岩体的应力状态往往受多种因素控制,其中埋深因素是控制因素之一,随着埋深的增加,水平应力和垂直应力增大,煤体表现出不同的力学性质[9];由于井下环境的复杂性及工程条件限制,往往通过单轴及三轴压缩试验研究煤岩体的力学特性。国内外有关煤岩体三轴力学试验研究,取得了丰硕成果。

Robinson[91]通过三轴压缩试验,认为围压增大造成岩石强度的增加和破坏方式的变化。Serdengecti[92]研究了应变速率和温度影响下的岩石三轴应力应变特征。Brace[93]研究了花岗岩在三轴试验过程中的扩容现象,发现岩样裂纹开裂方向与最大压缩方向平行。Hobbs[94]实验室测量了岩石试件在围压影响下的应力—应变特征,给出了相应的破坏理论模型。Mogi K[95]通过三轴应力试验,并与广义的冯·米塞斯准则对比,认为当产生变形的应变能达到一个临界值时,岩体将破坏或屈服,且随平均有效应力的增大而增大。Logan[96]发现岩石破坏极限强度随着围压的增加而增大,极限强度与应变率成正比。随着围压的增加,以脆性变形为主。Hallbauer[97]通过宏观和微观影像扫描,揭示了岩体试件破坏和微裂隙的发展过程。研究发现:最大主应力与微裂隙扩展方向相平行,试件内的微裂隙密度不同,在微裂隙高密度区域,最终形成了宏观破坏。

有关煤的三轴试验主要研究内容有:加卸载条件、加卸载路径、温度、水分影响下煤岩体力学性质研究,煤岩屈服、剪胀、扩容和破坏准则的研究,渗流参与三轴力学试验等,且观测手段多种多样,如CT、扫描电镜、核磁共振及声发射等[98]。而在煤岩三轴力学试验中,就材料而言,对岩石材料的三轴压缩试验研究较多,主要原因在于煤体本身松软,成型成块不容易,且煤块节理裂隙较为发育,力学性质离散性较高。在单轴压缩条件下试验所用煤样呈现出典型的脆性破坏特征,随着围压的增大,延性增强[99]。Xu等[100]研究了加卸载条件下煤的力学特性和渗透特征。尹光志等[101]研究了原煤与型煤、突出煤、非突出煤、瓦斯压力、地应力场、应力路径影响下的煤的力学性质及对渗流的影响。

在煤矿开采过程中,工作面前方煤体处于卸围压状态。与静水压力状态相比,煤体卸围压表现出不同的力学性质。在以往的研究中,对常规三轴压缩试验研究较多,而煤岩体的破坏既可能是轴向应力增加造成的,也可能是卸围压造成的[9,102]。

煤岩试样在增轴压卸围压、增轴压恒围压和恒轴压卸围压等不同应力路径下的应力应变有显著差异[103],在卸围压试验中,试件的轴向变形与扩容受卸围压速率影响较为明显,且受初始围压值控制,而随着卸围压速率增大,应力峰值不断提高[104~106]。从变形特征看,卸围压速率越快,煤体试件应变越小[107];卸围压对侧向应变影响明显,而对轴向应变影响相对较小[108],且围压降低速率越小,岩样的侧向膨胀应变越大[109]。从破坏特征看,初始围压越高、卸围压速率越快,岩样破坏时间越短,越有利于煤体失稳破坏[110,111]。与常规三轴试验相比,卸围压试验下煤样的声发射数量更多,煤样更为破碎,因此卸围压试验下煤样破坏程度更大[112]。对于有初始损伤的材料,在卸载时,缺陷处导致试件的拉伸破坏,且卸载越快,缺陷处应力集中现象越明显[113]。卸围压下煤样的变形破坏特征和渗透性联系紧密,卸围压加速了煤样破坏,并产生宏观裂隙,有增透效应[114,115]。

采煤过程中工作面前方煤体应力变化是一个动态过程,表现为铅直方向加载和水平方向卸载。随着煤岩体埋深的增加,地应力增大,表现为不同的静水压力状态。研究不同围压和不同加卸载条件下的煤岩体力学特性,对掌握采煤过程中煤岩体的力学变化规律、指导工程设计有现实意义。

## 2.2　试验装置的组成及各部分简介

TAW－2000 岩石力学试验机包括门框式刚性主机(试验平台)、动力加载系统(提供动力)、自平衡压力室(三轴应力室试件的安装与调节)、控制柜(控制开关及指示灯)、计算机及软件(发布控制指令及结果显示)等几部分。TAW－2000 岩石力学试验机组成如图 2-1 所示。

图 2-1　TAW－2000 岩石力学试验机

### 2.2.1　门框式刚性主机

主机主要包括刚性主机(2 000 kN)、压力传感器、油缸、蓄能器(轴向蓄能作用)、导轨与伺服阀(控制加载速度)几部分。门框式刚性主机如图 2-2 所示。

图 2-2　门框式刚性主机

## 2.2.2　动力加载系统

TAW－2000 岩石力学试验机轴压加载系统由油箱、油泵、冷却器、调压器组成。其中 55 kW 油泵、4.5 kW 油泵分别为动态试验和静态试验提供动力,冷却器通过循环水对油箱内的高温油实现降温作用。

围压加载系统包括三轴应力室充液泵、驱动电机、螺旋加载器、减速器、系统油源几部分。伺服动力系统和系统油源如图 2-3 和图 2-4 所示。

图 2-3　伺服动力系统

图 2-4　系统油源

### 2.2.3　自平衡压力室

自平衡压力室包括压力室与小车两部分 。而压力室又由平衡活塞、压力室筒体、安全圈、固定瓦、底座与排气阀组成，在打开压力室时，必须确定排气阀为打开状态。三轴压力室结构如图 2-5 所示。

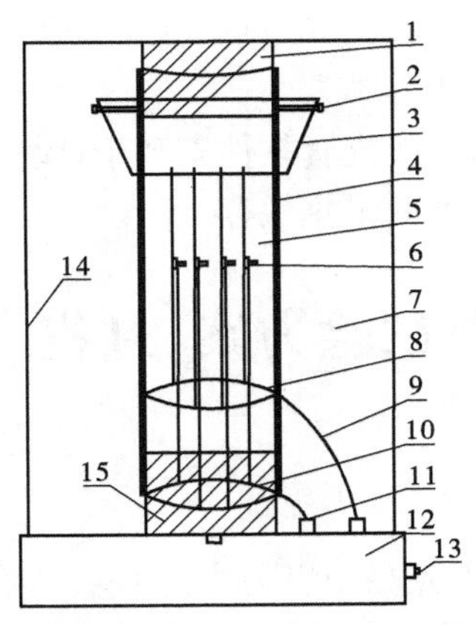


1—上压头；2—变形锥紧固螺丝；3—变形锥；4—热缩管；5—煤试样；
6—径向引伸计紧固螺丝；7—围压室；8—轴向引伸计；9—轴向引伸计引线；
10—径向引伸计；11—径向引伸计引线；12—底座；13—数据集成接口；14—外壁；15—下压头

图 2-5　三轴压力室结构

### 2.2.4　控制柜

TAW－2000 岩石力学试验机控制柜（见图 2-6）主要包含控制面全数字控制器 EDC、

电机驱动器、控制面板。控制面板由轴压控制、围压控制、启动停止控制三部分组成。其中轴压系统包括红色指示灯 、EDC 电源开关、主机油源温度表(当温度超过 45 ℃时停止试验);围压系统包括红色指示灯、电机电源开关(注意在 EDC 电源打开后,再打开电机电源开关);启动停止控制按钮用来控制主机和围压油泵的启动和停止,其中绿色按钮代表启动,红色按钮代表停止。

图 2-6 控制柜

### 2.2.5 计算机及软件

把 TAW-2000 岩石三轴试验机配套软件安装于计算机上,通过计算机软件发送试验指令,实现试验过程以及试验数据的采集保存。

## 2.3 试件制作安装及试验方案、过程

### 2.3.1 试件制作安装

煤样取自某矿 3#煤。3#煤以光亮型煤为主,颜色、条痕均呈黑色,不染手,致密坚硬,节理裂隙较发育,有贝壳状或阶梯状断口,充填物多为方解石或黄铁矿脉。煤的相对密度为 1.44~1.49 $g/cm^3$。试件制作步骤如图 2-7 所示:

(1)首先在煤矿井下采取长方体状、一定厚度的煤块若干,在运输过程中注意保持煤块完整性,用泡沫进行封装,避免颠簸造成煤块开裂。

(2)采用岩石钻孔机钻取煤芯,在钻取煤芯的过程中要特别注意对煤块进行固定,避免煤块不稳定造成钻取煤芯侧面不平。

(3)采用双端面磨石机对钻取得到的煤芯进行打磨。打磨的过程注意控制打磨速

图 2-7　试件制作

度，速度过快易导致煤芯的断裂，同时要保证试件上下端面的平整。

(4) 打磨成 $\phi$ 50 mm × 100 mm 的标准试件，由于打磨仪器不够精密以及操作过程的人工误差，试件难免与 $\phi$ 50 mm × 100 mm 标准试件有些许差别，因此高度及端面平整度满足岩石力学试验要求即可。

在做三轴试验时，首先要做好试样的密封等准备工作，随后装到压力室内，具体内容如下：

(1) 首先把试样进行密封处理，把试样放在上下压头之间，用热缩管（一般直径略大于试样，长度能够套住上下压头）套住试样和上下压头，用热风枪给热缩管加热，直到热缩管均匀收缩把煤试样包住。

(2) 装变形传感器，用橡胶套勒紧下压头与热缩管连接处，然后把轴向传感器套到热缩管外面，把轴向传感器的四个螺丝拧紧，固定在下压头上，把轴向传感器的变形锥固定在上压头上，固定的原则是变形锥都接触到变形杆上，并使杆变形 1 mm 左右（在计算机显示屏上看），安装径向变形传感器于轴向变形传感器内侧，拧紧螺丝使径向变形传感器的四个变形杆均匀地贴在试样上，需要注意的是，四个方向压缩量不要太大也不要相差太多。

(3) 变形传感器装好后，把试件放到压力室的底座上，总高度（上下压头及试样）为 280 ~ 300 mm，上压头上放置球面座；把传感器的插头与压力室底座上的插座连接起来。调节好轴向变形和横向变形传感器，检查传感器与计算机是否连接完好。

(4) 放下压力室外壁。在放下压力室外壁的时候使用上下调节控制器缓慢多次尝试，目的是使室外壁与球面座对准并卡住，对准并卡住之后再下降室外壁至底座，卡紧卡块，把卡环套在卡块外面，等一切就绪后观察计算机显示是否正常，显示正常则代表连接良好。

(5) 给压力室充油，首先打开压力室外壁的排气阀，然后把回油管接上，打开压力室底座上的单向阀的开关，关闭围压控制柜的所有开关。按油泵充液送油按钮开始充液，当排气阀的回油管出来油后，充油完成。

(6)充油完成后,关闭排气阀和单向阀,则整个充油完成。至此试件准备和安装工作完成。

### 2.3.2　试验方案及试验过程

(1)首先进行单轴压缩试验,加载速率0.5 MPa/s,考察煤的单轴抗压强度、泊松比、弹性模量、变形破坏特征等基本力学性质,为三轴试验提供基础。

(2)应力路径一:常规三轴试验(恒围压加轴压)。试验在TAW－2000岩石力学试验机上进行。先以0.05 MPa/s加载速率加轴压和围压至$\sigma_1=\sigma_3$的静水压力状态后,进行不同围压下的三轴压缩试验,围压分别为2 MPa、4 MPa、6 MPa、8 MPa,然后以0.5 MPa/s加载速率加轴压至煤样破坏。

(3)应力路径二:卸围压试验(恒轴压卸围压)。首先以0.05 MPa/s加载速率加轴压和围压至$\sigma_1=\sigma_3$的静水压力状态后,以0.5 MPa/s加载速率加轴压至预定值30 MPa(大于煤的单轴抗压强度),然后以一定速率降围压至煤样破坏,为了考察不同卸载速率对煤样破坏的影响,设置卸载速率分别为0.012 MPa/s、0.024 MPa/s。

(4)应力路径三:加卸载试验。本书所指的加卸载条件是指边加载边卸载。加轴压和围压至$\sigma_1=\sigma_3$的静水压力状态后,加轴压的同时卸围压至煤样破坏。具体方案见表2-1。在本试验研究中,为了降低离散性的影响,选取无明显裂隙、煤样表面完好的试件,并严格按照操作规范进行。

**表2-1　试验方案**

| 应力路径 | 编号 | 直径/高度(mm) | 围压(MPa) | 加载速率(MPa/s) | 卸载速率(MPa/s) |
|---|---|---|---|---|---|
| 单轴 | DZ－1 | 49.9/101.2 | — | 0.5 | — |
| | DZ－2 | 49.8/100.1 | — | 0.5 | — |
| 常规三轴 | CSZ－1 | 49.8/100.2 | 2 | 0.5 | — |
| | CSZ－2 | 49.8/100.8 | 4 | 0.5 | — |
| | CSZ－3 | 49.9/101.0 | 6 | 0.5 | — |
| | CSZ－4 | 49.9/99.5 | 8 | 0.5 | — |
| 卸围压 | XWY－1 | 49.9/100.2 | 4 | 0.5 | 0.012 |
| | XWY－2 | 49.8/100.6 | 4 | 0.5 | 0.024 |
| | XWY－3 | 49.9/101.1 | 6 | 0.5 | 0.012 |
| | XWY－4 | 49.9/100.4 | 8 | 0.5 | 0.012 |
| 加卸载 | JXZ－1 | 50.1.9/100.4 | 4 | 0.192 | 0.024 |
| | JXZ－2 | 49.8/100.1 | 6 | 0.192 | 0.024 |
| | JXZ－3 | 50.2.9/100.2 | 8 | 0.192 | 0.024 |
| | JXZ－4 | 49.9/99.8 | 8 | 0.192 | 0.012 |

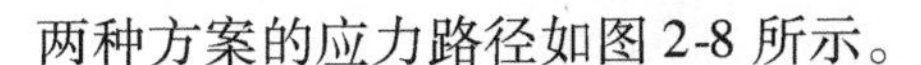

两种方案的应力路径如图 2-8 所示。

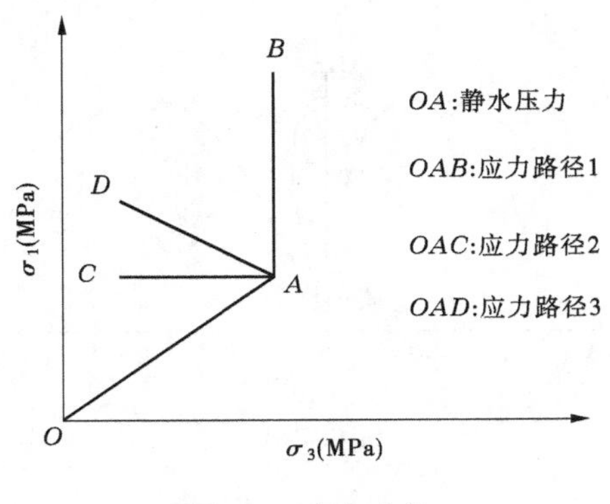


图 2-8　应力路径

## 2.4　常规三轴试验结果分析

### 2.4.1　应力—应变曲线

从煤样的变形破坏曲线可以看出，其变形破坏先后经历弹性屈服、塑性屈服和破坏过程。煤样在初始压缩时发生线性体积压缩，在经历塑性变形屈服过程后，煤样轴向应力达到峰值，随后煤样破坏。通过 TAW－2000 岩石三轴试验机对煤样的力学试验，得到单轴及不同围压下的三轴应力—应变曲线如图 2-9、图 2-10 所示。

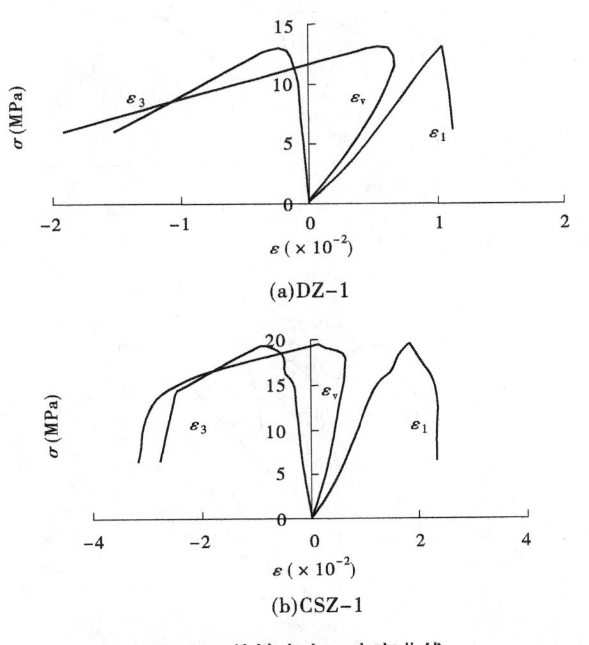


图 2-9　单轴应力—应变曲线

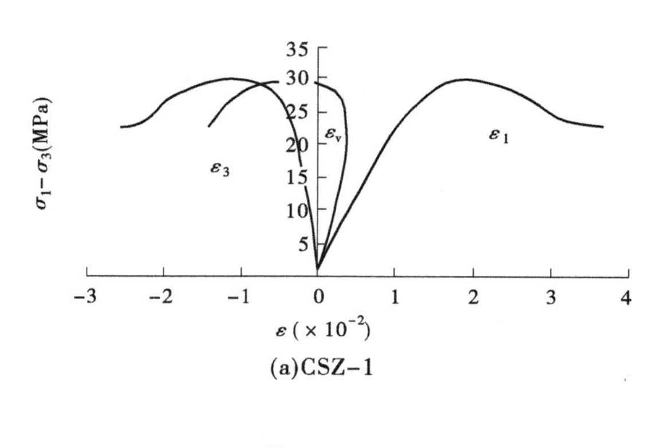


(a)CSZ-1

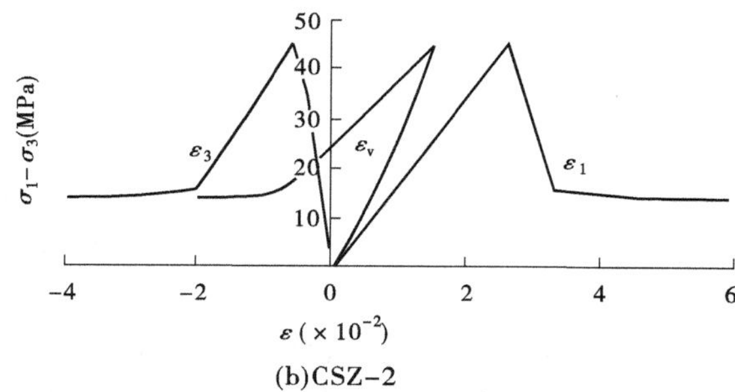


(b)CSZ-2

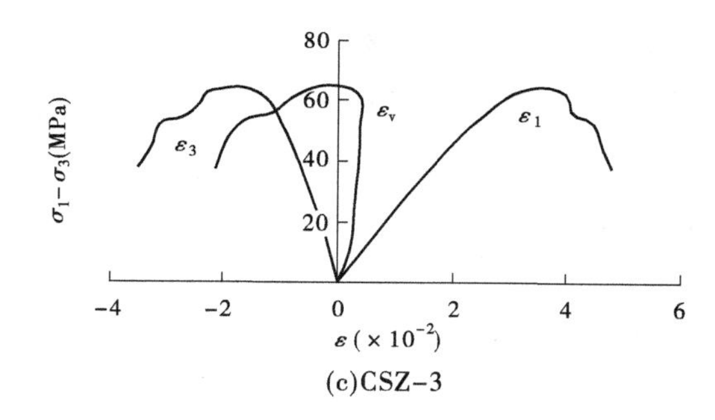


(c)CSZ-3

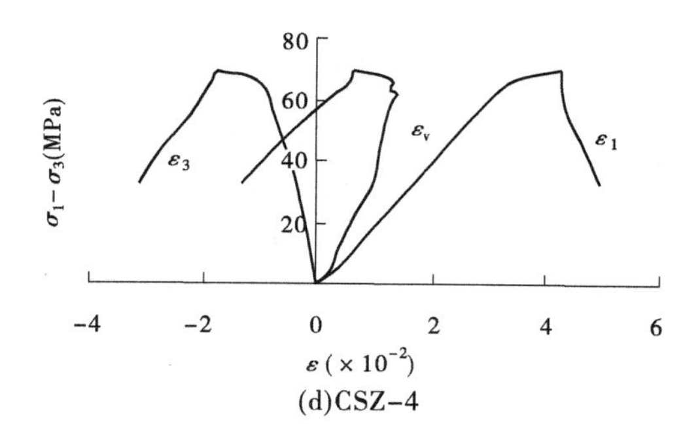


(d)CSZ-4

图 2-10 三轴应力—应变曲线

在单轴压缩试验及围压较低的三轴试验中，煤样表现为脆性破坏，峰值应变较小。三轴压缩试验中，随着围压的增大，煤样的脆性降低，塑性增强，但仍属于脆性破坏。三轴压缩相对单轴压缩有更大的变形，在三轴压缩试验中，围压对煤样变形影响较大，随着围压增加，煤样的弹性压缩变形增大，轴向变形增大。

在达到峰值应力前，材料出现扩容现象，在应力—应变曲线上表现为体积应变的回转。围压为 2 MPa、4 MPa、6 MPa、8 MPa 时，体积回转应力分别为 24.0 MPa、44.3 MPa、54.0 MPa、61.6 MPa，体积回转应力比（体积回转应力与峰值应力相比）分别为 79.7%、98.7%、84.4%、87.7%。总体上看，高围压使体积回转应力比增大，究其原因，高围压导致轴向压缩行程较大，且对扩容有抑制作用。

### 2.4.2　强度特征

在本书试验研究中，为了降低离散性的影响，选取无明显裂隙、煤样表面完好的试件，并严格按照操作规范进行。煤样单轴压缩及三轴压缩试验结果如表 2-2 和表 2-3 所示。

表 2-2　单轴压缩试验结果

| 编号 | 直径/高度（mm） | 破坏强度（MPa） | 泊松比 | 弹性模量（GPa） | 破断角（°） |
|---|---|---|---|---|---|
| DZ－1 | 49.9/101.2 | 13.1 | 0.10 | 2.38 | 86 |
| DZ－2 | 49.8/100.1 | 19.5 | 0.25 | 2.93 | 70 |
| 平均值 | | 16.3 | 0.18 | 2.66 | 78 |

表 2-3　三轴压缩试验结果

| 编号 | 直径/高度（mm） | 围压（MPa） | 破坏强度（MPa） | 体积回转应力（MPa） | 应力比（%） |
|---|---|---|---|---|---|
| CSZ－1 | 49.8/100.2 | 2 | 30.1 | 24.0 | 79.7 |
| CSZ－2 | 49.7/100.8 | 4 | 44.9 | 44.3 | 98.7 |
| CSZ－3 | 49.9/101.0 | 6 | 64.0 | 54.0 | 84.4 |
| CSZ－4 | 49.9/99.5 | 8 | 70.2 | 61.6 | 87.7 |

单轴压缩峰值强度平均为 16.3 MPa，泊松比为 0.18、弹性模量平均 2.66 GPa。CSZ－1～CSZ－4 峰值强度分别为 30.1 MPa、44.9 MPa、64.0 MPa、70.2 MPa。与单轴试验相比，煤样在侧向存在一定围压时峰值强度更大，且煤样强度随围压的增加而增大；煤样在单轴压缩试验中，试件破坏后的破断角（最大主应力与剪切面法线方向夹角）平均为 78°；三轴压缩试验中，除围压 2 MPa 时煤样破断角为 66°，其余围压条件下，破坏后的煤样无单一明显剪切面。

煤作为一种软岩材料，煤样在变形屈服过程中，正应力与剪应力呈线性关系，符合 Coulomb 强度准则[9]，见下式

$$\tau = C + \sigma\tan\varphi$$

式中，$\tau$ 为煤岩体抗剪强度；$\sigma$ 为剪切破坏面上正应力；$\varphi$、$C$ 分别为煤岩体抗剪内摩擦角和黏聚力。

根据上述试验测试结果，得到煤的强度曲线。采用双直线形强度曲线，如图 2-11 所示。

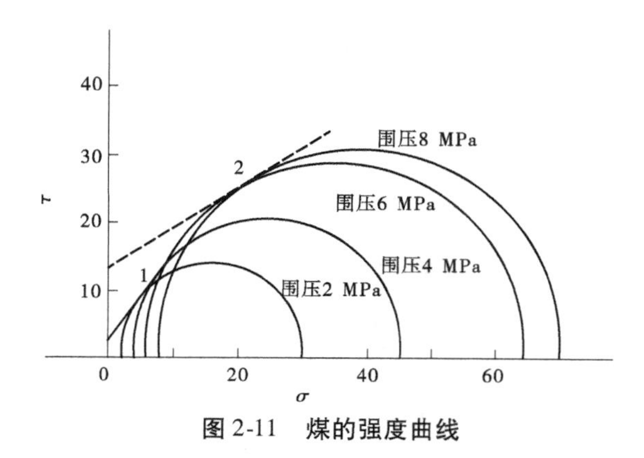


**图 2-11　煤的强度曲线**

在围压较低时（2 MPa、4 MPa），采用直线 1 来描述剪应力与正应力关系，黏聚力为 2.62 MPa，内摩擦角为 50°；在围压较高时（围压为 6 MPa、8 MPa），采用直线 2 来描述剪应力与正应力关系，黏聚力为 13.26 MPa，内摩擦角为 30°。

当围压较低时，剪应力与正应力关系表达式为

$$\tau = 2.62 + \sigma\tan50^\circ \tag{2-1}$$

当围压较高时，剪应力与正应力关系表达式为

$$\tau = 13.26 + \sigma\tan30^\circ \tag{2-2}$$

以上分析结果表明：煤在低围压下和高围压下表现出不同的强度特征，高围压使峰值强度增大，黏聚力增大，内摩擦角减小。由破断角公式可知，破断角随内摩擦角的减小而减小。

### 2.4.3　破坏特征

在单轴压缩试验及低围压（2 MPa、4 MPa）时，煤试样以剪切破坏为主，有明显剪切破坏面，相比单轴压缩，三轴压缩下破断角降低，且随围压的增大而减小；单轴压缩时，破断角平均为 78°，围压 2 MPa 时，破断角为 66°，围压 4 MPa 时，有多个破坏面，同时有张性裂纹和剪切裂纹，随着围压的增大（6 MPa），破坏表现出“X”形共轭剪切特征，随着围压的继续增大（8 MPa），煤样无明显剪切面，破碎程度更大，而且表现为鼓胀特征。从变形及破坏特征可以看出，围压越大，变形越大，破坏程度越强烈。单轴、三轴压缩试验煤样破坏如图 2-12、图 2-13 所示。

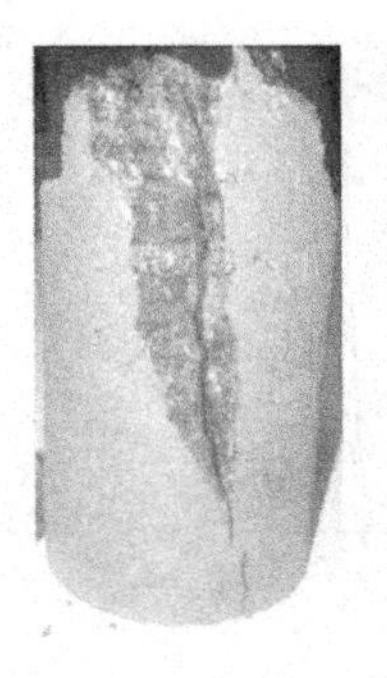

(a) 单轴试验 -1

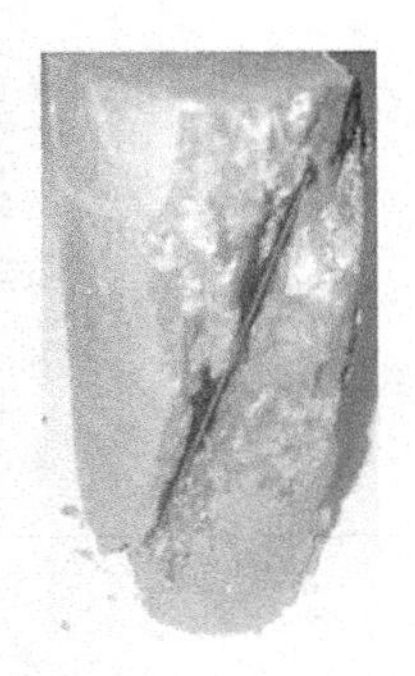

(b) 单轴试验 -2

**图 2-12　单轴压缩试验煤样破坏照片**

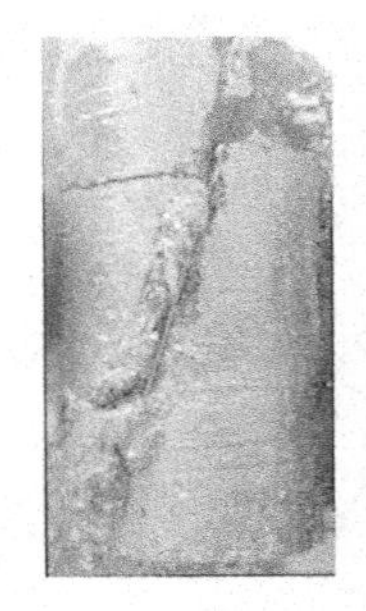

(a) 围压 2 MPa

(b) 围压 4 MPa

(c) 围压 6 MPa

(d) 围压 8 MPa

**图 2-13　三轴压缩试验煤样破坏照片**

# 2.5　卸围压试验结果分析

## 2.5.1　应力—应变曲线

在卸围压试验中，通常有恒定轴压卸围压、加轴压卸围压以及同时卸轴压和围压（速率不同）路径，本书试验采用恒定轴压卸围压路径。恒定轴压不变开始卸围压，采用岩石力学试验机对煤样持续压缩，当围压降低至一定范围时，轴向应力急剧呈斜直线下降，煤样迅速发生破坏，应力—应变曲线也能够看出恒定轴压卸围压试验导致煤样发生迅速和强烈的破坏。卸围压应力—应变曲线如图 2-14 所示。

恒定轴压卸围压试验中，其应力—应变曲线与常规三轴应力—应变曲线有明显不同。轴压在围压卸到一定值时，急剧下降，说明煤样突然失去承载能力，破坏瞬时发生；而轴向应变先线性增加（低围压还伴有塑性）至预定应力水平平台，随后卸围压，此过程中轴向应变曲线呈水平增加，至煤样破坏时，曲线表现为直线下降（应力下降，应变增加）。初始围压不同，应变差异明显。随着初始围压的增加，XWY－1、XWY－3、XWY－4 煤样的轴向压缩变形呈增大趋势。卸载速率不同，应变也有所不同。卸载速率越快，煤样破坏时的围压较高，裂隙没有充分的时间扩展，应变越小；与 XWY－1 相比，XWY－2 的轴向变形较小。

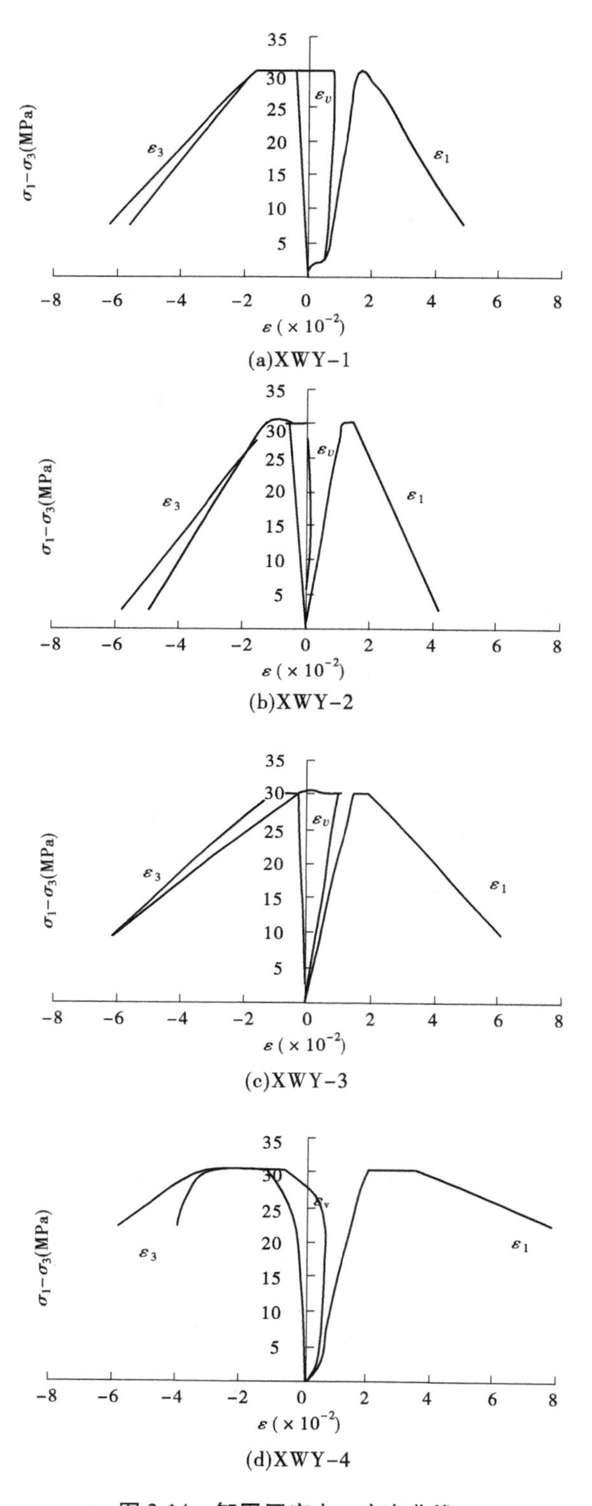


图 2-14　卸围压应力—应变曲线

## 2.5.2　强度特征

在弹性力学中，弹性模量、泊松比作为材料的力学指标，体现材料线弹性阶段的应力—应变特性。为了研究煤样破坏过程的应力—应变特性，用割线模量（轴向应力差与轴向应变之比）和割线泊松比（侧向应变的绝对值与轴向应变之比）来代替弹性模量和泊松比。峰值点割线模量和割线泊松比随围压变化如图 2-15 所示。

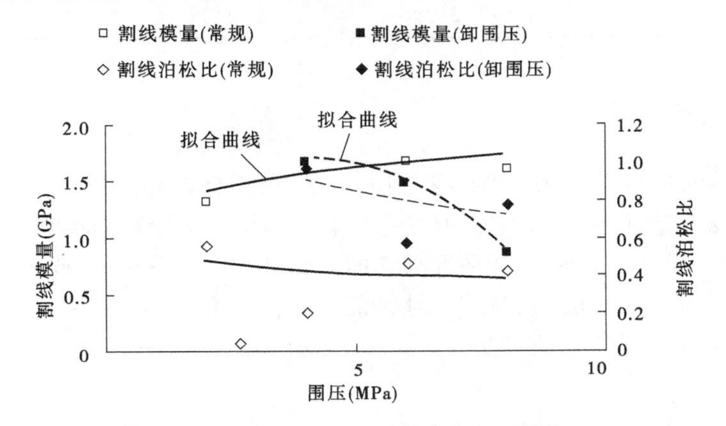


图 2-15　峰值点割线模量和割线泊松比随围压变化

常规三轴试验中，从整体上看，在峰值强度时，割线模量随围压的增加呈增大趋势，割线泊松比随围压的增加呈减小趋势，说明高围压对煤样的扩容有抑制作用。在卸围压下，煤样破坏时的割线泊松比随初始围压的增加而减小；煤样破坏时的割线模量随初始围压增加而减小，初始围压越高，煤样越易失稳破坏。

在初始围压相同的情况下，相比常规三轴试验，卸围压试验中峰值点割线模量降低，卸围压更容易导致煤样发生破坏，其破坏程度也更为强烈。而卸围压试验中峰值点割线泊松比相对常规三轴试验增大，说明卸围压下，煤样破坏时的侧向应变较大，这与应力—应变曲线相一致。

在卸围压试验中，不同初始围压及不同速率下，煤样破坏的难易程度不同。卸围压效应系数 $f$ 能够较真实地反映煤样在卸围压条件下破坏的难易程度。卸围压效应系数表示为[107]

$$f = \frac{\sigma_{3b} - \sigma_{3c}}{\sigma_{3b}} \tag{2-3}$$

式中，$f$ 为卸围压效应系数；$\sigma_{3b}$ 为初始围压；$\sigma_{3c}$ 为煤样破坏时的围压。

卸围压效应系数如表 2-4 所示。

随着初始围压的增加，煤样破坏时的围压增大，而煤样的卸围压效应系数减小，即初始围压越高，煤样越容易失稳破坏，这也从高初始围压下割线模量的降低得到验证；通过围压为 4 MPa 时的两组不同速率的卸围压效应系数分析，卸围压速率越快，煤样的卸围压效应系数越小，即卸围压速率越快越容易破坏。

表 2-4 卸围压效应系数

| 编号 | $\sigma_{3b}$(MPa) | $\sigma_{3c}$(MPa) | $\sigma_{3b}-\sigma_{3c}$(MPa) | $f$ |
|---|---|---|---|---|
| XWY-1 | 4 | 0.62 | 3.38 | 0.85 |
| XWY-2 | 4 | 0.95 | 3.05 | 0.76 |
| XWY-3 | 6 | 2.04 | 3.96 | 0.66 |
| XWY-4 | 8 | 3.95 | 4.05 | 0.51 |

### 2.5.3 破坏特征

与常规三轴试验相比,在初始围压相同的情况下,煤样在卸围压时的破坏更强烈,曲线呈现出斜直线下降,且破坏后的侧向应变较大,而对轴向应变影响不明显。从破坏特征看,卸围压试验中,破坏后的煤样无明显剪切面,同时伴有张性和剪性破坏,且破坏程度强烈,随着初始围压的增加,破坏表现出延性特征。从破坏照片(见图 2-16)可以看出,相比常规三轴压缩试验,煤样破碎程度更大。

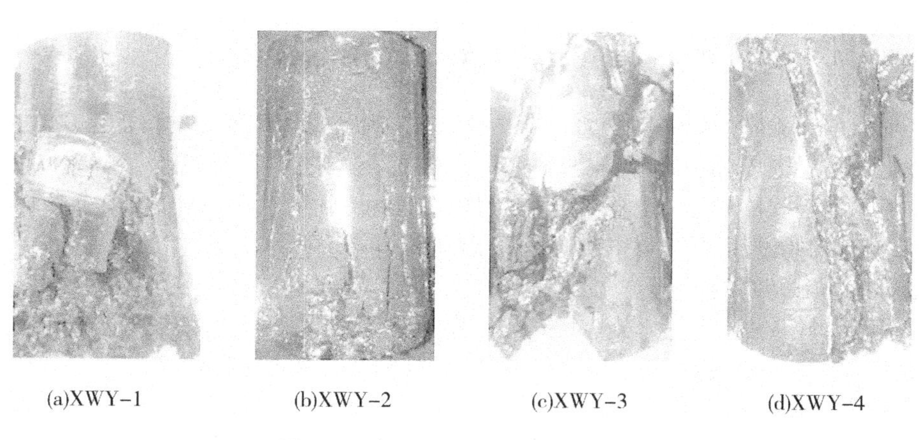

(a)XWY-1 (b)XWY-2 (c)XWY-3 (d)XWY-4

图 2-16 卸围压试验煤样破坏照片

## 2.6 加卸载试验结果分析

### 2.6.1 应力—应变曲线

本书试验所述加卸载试验是指三轴压缩试验中,在一定的静水压力状态下,加轴压的同时卸围压。在加轴压不变的情况下开始卸围压,初始阶段轴向变形呈线性增加,当围压降低至一定值时,煤样接近破坏,在此阶段存在一个振荡平台阶段,轴向变形呈近似水平增加,随后轴向应力急剧呈斜直线下降,煤样迅速发生破坏,应力—应变曲线也可以说明煤样的破坏瞬间具有突然性。加卸载试验条件下煤的应力—应变曲线如图 2-17 所示。

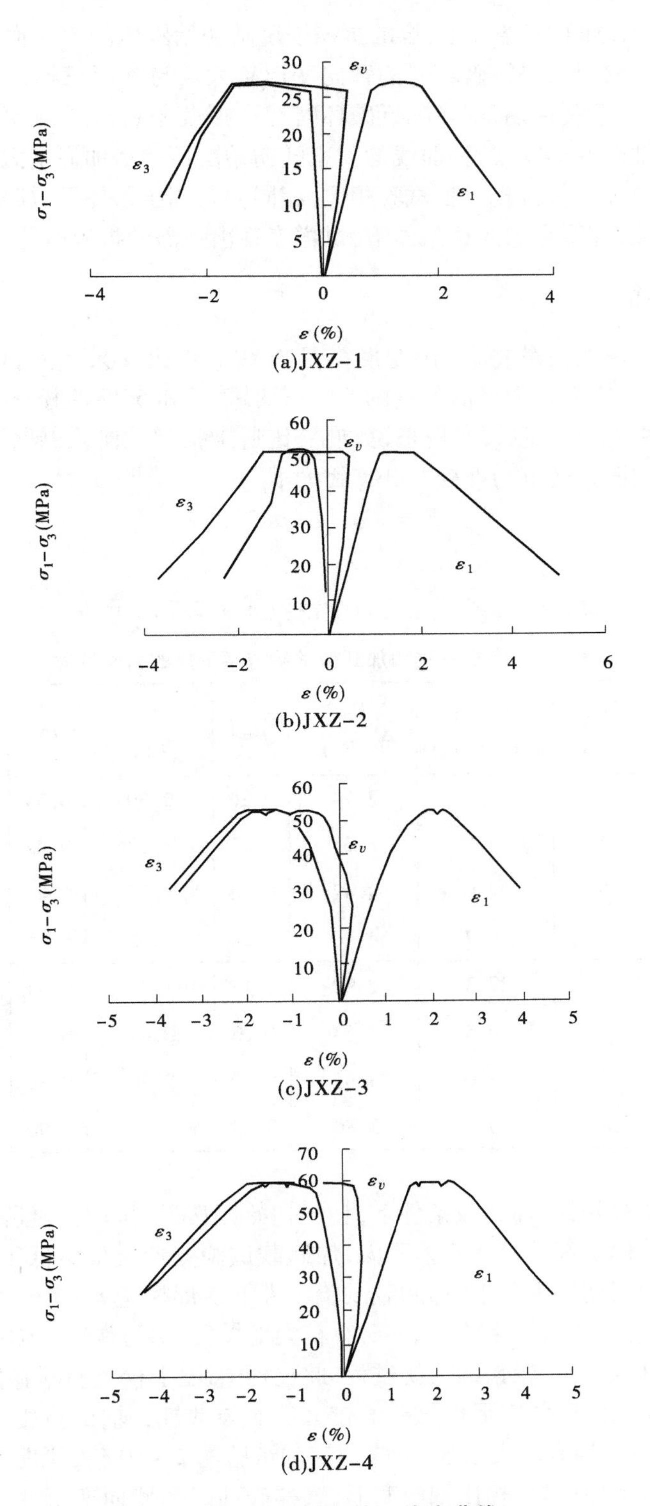

(a)JXZ-1


(b)JXZ-2


(c)JXZ-3


(d)JXZ-4

图 2-17　加卸载应力—应变曲线

如图 2-17 所示,加卸载条件下,煤的抗压强度随初始围压的增加而增大,同时初始围压越大,煤样的压缩行程越长,破坏时的轴向变形越大。与常规三轴试验不同的是,在变形破坏过程中,有一个缓冲期,即在临近破坏时存在振荡平台阶段,破坏时变形更大。从图中主应力差—轴向变形曲线看,曲线的斜率随初始围压的增加而增大,即变形模量随初始围压的增加而增大。与常规三轴试验相比,相同初始围压条件下,煤样在加卸载试验中侧向变形相对较大,说明在加卸载条件下,煤样表现出强烈的扩容特征。

### 2.6.2　强度特征

为了深入研究煤的力学特征,用变形模量 $E$ 和泊松比 $\mu$ 来描述试件的应力应变状态,$E_{50}$、$\mu_{50}$分别为主应力差为峰值强度的 50% 变形模量和 50% 泊松比,煤样破坏时的变形模量和泊松比用 $E_c$、$\mu_c$ 表示,严格来说,泊松比通常指弹性阶段,塑性阶段至煤样破坏时的泊松比称为侧向系数更为准确。计算式如下[9]

$$\begin{cases} E = (\sigma_1 - 2\mu\sigma_3)/\varepsilon_1 \\ \mu = \varepsilon_3/\varepsilon_1 \end{cases} \tag{2-4}$$

常规三轴和加卸载试验方案下煤的力学性质如表 2-5 所示。

**表 2-5　常规三轴和加卸载试验方案下煤的力学性质**

| 应力路径 | 编号 | 围压(MPa) | 主应力差(MPa) | $E_{50}$(GPa) | $\mu_{50}$ | $E_c$(GPa) | $\mu_c$ | $E_{50}-E_c$(GPa) | $\mu_c-\mu_{50}$ |
|---|---|---|---|---|---|---|---|---|---|
| 常规三轴 | CSZ－1 | 2 | 30.1 | 3.74 | 0.26 | 2.30 | 0.54 | 1.44 | 0.28 |
| | CSZ－2 | 4 | 44.9 | 3.38 | 0.17 | 3.37 | 0.22 | 0.01 | 0.05 |
| | CSZ－3 | 6 | 64.0 | 4.42 | 0.34 | 3.25 | 0.41 | 1.17 | 0.07 |
| | CSZ－4 | 8 | 70.2 | 4.10 | 0.24 | 3.45 | 0.45 | 0.65 | 0.21 |
| 加卸载 | JXZ－1 | 4 | 27.3 | 2.90 | 0.18 | 1.58 | 0.94 | 1.32 | 0.76 |
| | JXZ－2 | 6 | 39.5 | 3.54 | 0.23 | 2.01 | 0.76 | 1.53 | 0.53 |
| | JXZ－3 | 8 | 52.6 | 3.91 | 0.30 | 2.26 | 0.89 | 1.65 | 0.59 |
| | JXZ－4 | 8 | 60.2 | 3.80 | 0.22 | 1.86 | 0.90 | 1.94 | 0.68 |

与常规三轴试验相比,加卸载条件下,相同初始围压下,抗压强度降低;在弹性阶段,两种方案下的变形模量和泊松比相差不大,加卸载试验变形模量略低于常规三轴试验的变形模量。而在相同初始围压下,加卸载试验条件下变形模量 $E_c$ 有较大降幅,$\mu_c$ 是常规三轴试验的 2～3 倍。变形模量差 $E_{50}-E_c$有较大增加,说明与常规三轴试验相比,在加卸载试验中,由于试样经历了较长的损伤过程,此过程中,变形模量不断降低,因此试样破坏时的变形模量与弹性阶段的变形模量差值较大。而与常规三轴试验相比,在加卸载试验中的泊松比差 $\mu_c-\mu_{50}$均有较大增加,为常规三轴试验的 2～10 倍,说明在加卸载试验中,试样的侧向变形占主导地位,相比轴向变形,煤样破坏时的侧向变形变化值更大,因此试样破坏时的 $\mu_c$ 与弹性阶段 $\mu_{50}$相比有较大幅度增加。

由轴向应力和侧向应力表示的 Mohr – Coulomb 准则为

$$\sigma_1 = b + k\sigma_3 \tag{2-5}$$

式中，$b$、$k$ 为强度系数，可用黏聚力和内摩擦角来表示。

利用斜率 $k$ 和截距 $b$ 计算内摩擦角 $\varphi$ 和黏聚力 $C$ 采用如下公式

$$\varphi = \arcsin \frac{k-1}{k+1} \tag{2-6}$$

$$C = \frac{b(1-\sin\varphi)}{2\cos\varphi} \tag{2-7}$$

常规三轴和加卸载试验下煤的剪切参数如表 2-6 所示。

**表 2-6　常规三轴和加卸载试验下煤的剪切参数**

| 试验方案 | $k$ | $b$ | 内摩擦角 $\varphi$(°) | 黏聚力 $C$(MPa) |
|---|---|---|---|---|
| 常规三轴 | 7.33 | 21.75 | 49.45 | 16.38 |
| 加卸载 | 31.43 | 12.60 | 69.78 | 10.56 |

常规三轴试验轴向应力与围压关系曲线如图 2-18 所示。

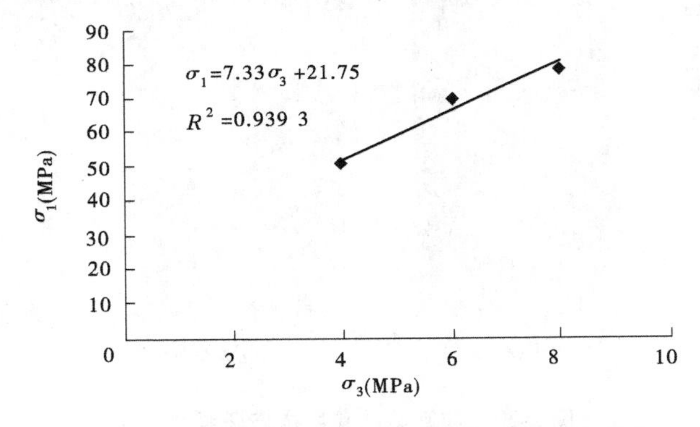


**图 2-18　常规三轴试验轴向应力与围压关系曲线**

加卸载试验轴向应力与围压关系曲线如图 2-19 所示。

与常规三轴试验相比，加卸载条件下，相同初始围压下，抗压强度降低；内摩擦角增加，黏聚力降低，其中内摩擦角增加了 29.1%，黏聚力减小了 35.5%。内摩擦角增加，黏聚力降低使试样破坏面表现出复杂、粗糙、破碎的特征，这一点从加卸载试验的破坏图片可以看出。

同常规三轴试验相比，加卸载试验条件下，剪切强度参数内摩擦角增大，黏聚力数值减小；内摩擦角越大，煤样内部颗粒间的摩擦力越大，破坏时越易产生较大变形。黏聚力是材料内部分子之间的吸引力，黏聚力越小，材料越容易破坏。

### 2.6.3　破坏特征

加卸载条件下煤样的破坏照片如图 2-20 所示，与常规三轴试验和卸围压试验相比，

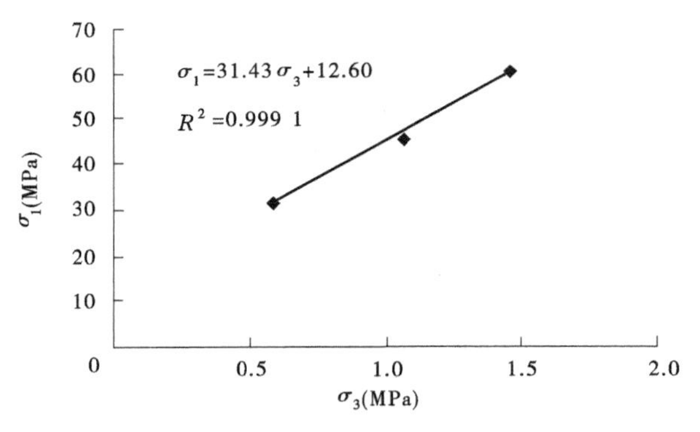


图 2-19 加卸载试验轴向应力与围压关系曲线

加卸载条件下煤样的破坏以张性破坏为主,无明显光滑破裂面,且由于煤样的侧向变形较大,煤样更为破碎。随着初始围压的增大,煤样的变形越大。对比 JXZ－3 和 JXZ－4,初始围压均为 8 MPa,卸围压速率分别为 0.024 MPa/s 和 0.012 MPa/s, JXZ－4 破坏更强烈,由此可见,卸围压速率越慢,煤样的变形破坏程度越大。

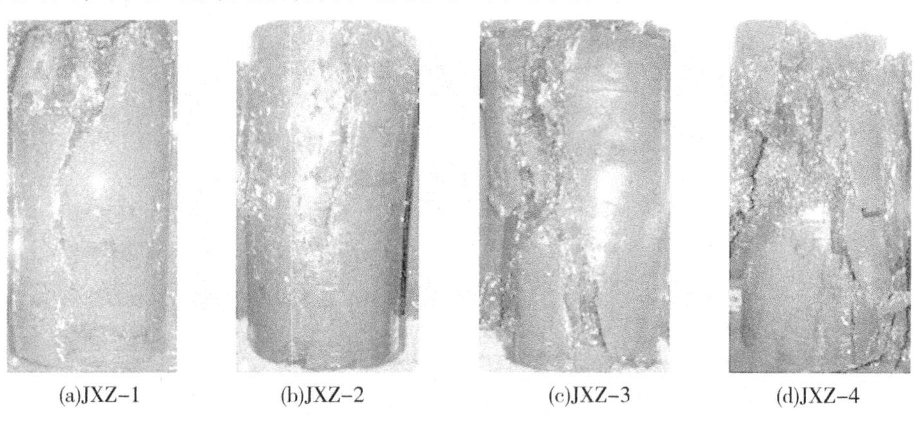

(a)JXZ-1　(b)JXZ-2　(c)JXZ-3　(d)JXZ-4

图 2-20 加卸载试验煤样破坏照片

## 2.7 本章小结

本书通过对煤的单轴及不同加卸载条件下的三轴压缩试验,分析了煤的应力—应变特征、强度特征、变形破坏特征,得出如下结论:

(1)在常规三轴试验中,随着围压的增加,煤的峰值强度增大,在低围压和高围压下有不同的强度特征。低围压下,黏聚力较小,内摩擦角较大;高围压下,黏聚力较大,内摩擦角较小。单轴压缩及低围压下,有单一明显剪切面,且随着围压的增加,破断角减小,围压越高,剪切面越不明显。

(2)在单轴压缩试验及低围压下,煤试样以剪切破坏为主,有明显剪切破坏面,随着围压的增加,破坏面不单一,同时有张性裂纹和剪切裂纹;围压增大到 6 MPa 时,破坏表现出“X”形共轭剪切特征,随着围压的继续增大,试样呈现出鼓胀现象。从变形及破坏特征可以看出,高围压下煤破坏程度更强烈。

(3)常规三轴与卸围压试验的应力应变特征有较大差异。两种应力路径下,高围压都使煤样的变形破坏程度加剧、煤样的脆性破坏特征降低、延性增加。与常规三轴试验相比,在初始围压相同的情况下,煤样在卸围压时的破坏更强烈,破坏时的应力—应变曲线呈现出斜直线下降,且破坏后的侧向应变较大,而对轴向应变影响不明显。

(4)在常规三轴试验中,峰值强度时的割线弹性模量随围压增加呈增大趋势,割线泊松比随围压增加呈减小趋势,高围压对煤样的扩容有抑制作用。在卸围压下,煤样破坏时的割线泊松比随初始围压的增加而减小;煤样破坏时的割线模量随初始围压增加而减小。在初始围压相同的情况下,相比常规三轴试验,卸围压试验中峰值点割线模量较低,煤样更容易破坏;卸围压试验中的峰值点割线泊松比相比常规三轴试验较大,说明煤样卸围压破坏时对侧向应变的影响较大。通过卸围压效应系数分析发现,初始围压越高和卸围压速率越大,煤样的卸围压效应系数减小,煤样越易失稳破坏,这与高围压下割线模量降低相一致。

(5)相比常规三轴试验,在加卸载试验中,煤样破坏更剧烈,破碎程度更大,且变形随着初始围压的增大而增大。与常规三轴试验相比,加卸载条件下,相同初始围压下,抗压强度降低,因此更容易破坏;同时煤样在加卸载条件下,内摩擦角增加,黏聚力降低。卸围压速率越慢,煤样的变形破坏程度越大,卸围压速率越快,煤样破坏强度越小,而破坏所需时间越短,即卸围压速率越快,煤样越容易破坏。卸围压过程中,煤样的弹性模量先增大后减小,泊松比持续增大。与常规三轴试验相比,加卸载试验条件下,变形模量差 $E_{50}-E_c$ 和泊松比差 $\mu_c-\mu_{50}$ 有较大增加,也证明了加卸载试验中煤样的变形和破坏程度有较大变化。

# 第 3 章　煤的压缩扩容与渗流试验研究

本章主要介绍了三轴应力渗流试验装置的系统组成以及可以实现的各项功能，该装置具有操作简单、灵便、精确的特点，可实现不同轴向应力和径向应力下的三轴渗流试验、不同负压下的三轴渗流试验、不同温度下的三轴渗流试验。由于在加载过程中采用手动加载，相比传统的直接加载更易于控制。在采煤过程中，工作面前方煤体经历压缩和扩容过程，同时伴随瓦斯运移过程。通过三轴渗流试验研究煤在压缩扩容过程中的渗流特性，其结果对现实情况有指导意义。

## 3.1　概　述

在煤矿开采过程中，采煤工作面前方应力的重新分布、应力的变化使工作面前方煤体经历了压缩和扩容阶段，而煤体渗透性受压缩和扩容影响[116]。煤体的压缩 - 扩容边界是压缩和扩容的分界线，把煤体的变形破坏过程分为压缩阶段和扩容阶段，且煤层瓦斯渗透性与其密切相关。

有关压缩 - 扩容边界的研究，研究对象以岩石材料为主。Cristescu[117]描述了压缩 - 扩容现象，以真三轴及单轴压缩试验为依据，提出了多孔介质材料的弹塑性本构方程，并对压缩 - 扩容边界作了数学定义。Jin 等[118]在 Cristescu 模型的基础上进行了改进。Alkan 等[119]在岩盐三轴试验中把初始扩容点作为扩容边界，认为扩容边界与应力加载速率和孔隙压力有关，随加载速率的增加而减小，而高孔隙压力加速了膨胀。Naumann[120]通过岩石材料的真三轴压缩试验，发现当最大主应力垂直于层理面时，扩容边界与破坏边界相近。

煤体的压缩 - 扩容变形使煤体内部孔隙压密，裂纹萌发、扩展，整个变形过程与瓦斯渗流紧密相关。Gray[121]提出了包含孔隙压力和煤体变形的煤的渗透率模型，认为孔隙压力和煤体变形对煤的渗透率影响明显。Hunsche 等[122]通过扩容边界把压缩区域和扩容区域分割开来，形成了盐岩储存库的安全边界，并描述了盐岩压缩、扩容与渗透的关系。Schulze 等[123]研究了盐岩变形损伤扩容过程中的渗透率变化，发现孔隙压力影响盐岩的损伤和扩容过程。Mahnken 等[124]基于真三轴压缩试验，建立了描述压缩 - 扩容边界的连续性方程。结合 Darcy 定律，采用有限元软件模拟了扩容与渗流耦合现象。尹光志、Connell、Durucan、Wang 等[125~128]研究了全应力—应变下煤岩的渗透性，发现煤岩试件屈服前渗透性随着应力的增加而减小，在应变软化期，渗透性急剧增大。实践证明，井下冲击地压的发生与煤岩体的扩容破坏失稳有关，而突出事故是煤体压缩扩容与瓦斯渗流相互作用的复杂变化过程。通过对煤的压缩扩容与瓦斯渗流演变过程研究，掌握压缩 - 扩容与瓦斯渗流变化规律，对瓦斯抽采及突发事故的预防有重要意义。

## 3.2　试验装置的组成及简介

三轴应力渗流试验装置是研究煤岩样在不同温度、不同负压、不同围压和轴压下的应力—应变与渗流规律的试验仪器，为煤层瓦斯的开采应用提供技术支持。仪器采用模块化设计，便于操作、移动和维护。仪器自动化程度高，能实时采集压力、温度、流量等数据，自动处理渗流曲线和自动出具试验报告。

试验采用自主研制的三轴应力渗流试验装置，可进行三轴应力、不同温度、不同负压条件下的渗流试验。为了更好地控制加载，采用手摇泵进行加卸压。轴向变形测量采用德测公司生产的FTS－25轴向位移传感器，侧向变形测量采用静态应变仪。三轴应力渗流试验装置由气源供给系统、应力及应变控制系统、温度测试系统、负压控制系统、数据采集控制处理及显示系统五大系统组成。具体如下：

（1）气源供给系统包括瓦斯气体瓶、瓦斯压力表、减压阀、供给管路，通过三轴应力室的瓦斯接口接入瓦斯气体。

（2）应力及应变控制系统分为轴向部分和侧向部分，轴向部分由轴向加压泵、轴压位移传感器、轴向应力传感器、轴压接口组成；径向部分由侧向加压泵、静态应变、侧向变形接口、侧向应力传感器、围压接口组成。

（3）温度测试系统由温度控制仪、铝导热套、加热圈、测温接口、测温传感器组成。

（4）负压控制系统由真空保持泵、抽出气体储存罐、软管、负压接口组成。

（5）数据采集控制处理及显示系统由数据采集和软件处理显示系统组成。三轴应力渗流试验装置各传感器集中于数字采集控制卡上，安装在集成控制箱内，并通过显示屏显示；把设计好的程序安装在计算机上，通过软件显示并绘制曲线，同时可以通过Excel导出数据。

为了保证试验过程中高瓦斯压力的保压稳压，煤试件的应力应变及瓦斯渗流过程是在密闭性完好的封闭空间进行的，三轴应力室的密闭性也决定了试验的成败，整个试验装置的组成以三轴应力室为中心。三轴应力渗流室结构如图3-1所示。

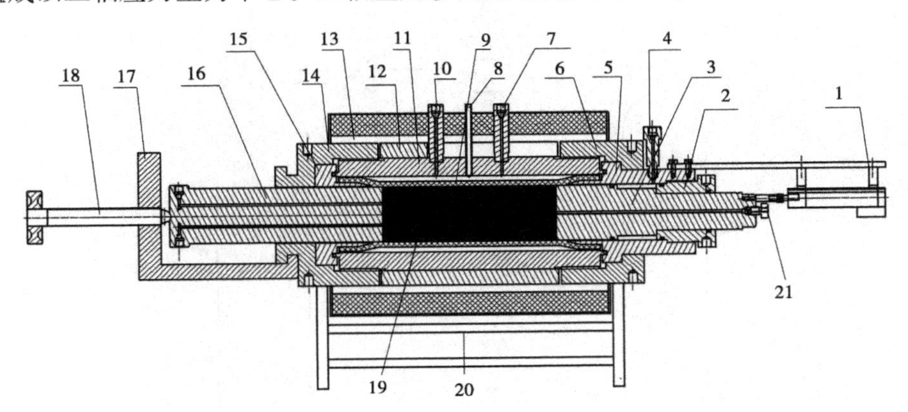


1—轴向位移传感器；2—右压头；3—右煤芯塞；4—轴压接口；5—右锥度套；6—右压帽；7—侧向变形接口；8—测温计；9—橡胶套；10—围压接口；11—筒体；12—铝导热套；13—加热圈；14—左压头；15—左锥度塞；16—左煤芯塞；17—调节架；18—调节杆；19—煤样；20—底座；21—瓦斯接口

**图3-1　三轴应力渗流室结构**

三轴应力瓦斯渗流试验装置实物图如图 3-2 所示。

图 3-2　三轴应力瓦斯渗流试验装置实物图

## 3.3　试验装置各系统介绍

### 3.3.1　气源供给系统

气源供给系统由瓦斯气体钢瓶、瓦斯压力表、减压阀、真空泵、供给管路组成，通过三轴应力室的瓦斯接口接入瓦斯气体。瓦斯供给示意图和实物图如图 3-3、图 3-4 所示。

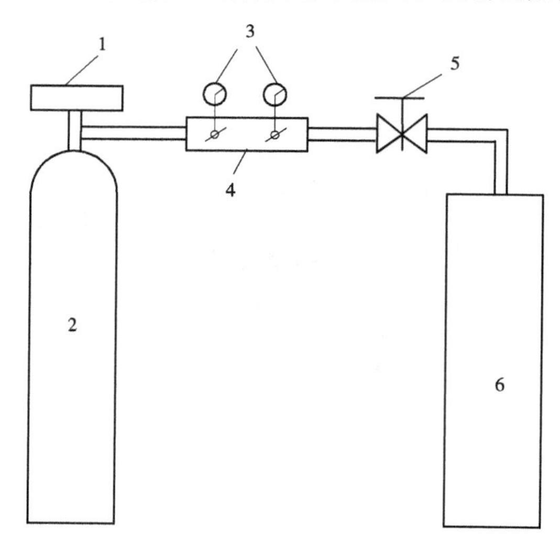


1—钢瓶旋钮；2—气体钢瓶；3—压力表；4—减压阀；5—阀门；6—夹持器

图 3-3　瓦斯供给示意图

图3-4　瓦斯供给实物图

### 3.3.2　应力及应变控制系统

应力传感器用于试验过程中测试轴向应力值和侧向应力值。应力传感器采用瑞士产trafag品牌,量程100 MPa,精度0.25级。轴向变形测量采用德测FTS－25轴向位移传感器,采用JC－4A型应变仪(如图3-5所示)测试煤的侧向变形。

图3-5　应变仪实物图

### 3.3.3　温度测试系统

温度控制系统为试验提供所需的恒温环境。恒温系统采用温度控制仪PID调节阶梯恒温控温,型号XMT4000。PID调节可实现自整定功能,克服了到达目标设定值后的温度惯性。程序梯度升温是在整个升温过程中将最终目标温度分成几段来实现的,每段按一定的时间来完成。假如整个系统目标温度为300 ℃,可以分成4段完成:从室温到100 ℃

用 30 min 来完成，恒温 10 min，再在 10 min 内升至 200 ℃，再恒温 15 min 再升至 300 ℃，恒温。

图 3-6　温度控制仪

### 3.3.4　负压控制系统

真空保持泵（见图 3-7）是一种智能控制的真空泵，可实现定时和负压智能控制。通过真空保持泵显示界面可直观地对负压参数和时间参数进行设置。设置完成后，真空保持泵便可实现保压功能。真空泵采用 220 V 交流电，负压大小可通过手动调节，并通过液晶显示面板显示出来，可全天候连续工作。真空保持泵参数如下：

型号：AGC2005。

电压：220 V。

流量：5 L/min。

负压设定范围：－1 ～ －75 kPa（真空度可调）。

负压保持精度：±1 kPa。

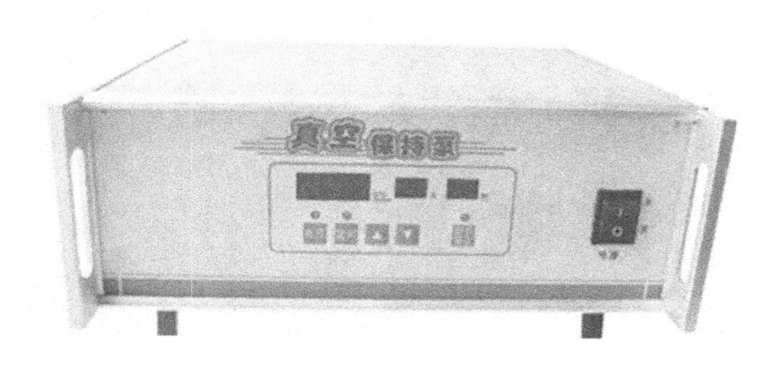


图 3-7　真空保持泵

### 3.3.5　数据采集控制处理及显示系统

数据采集控制处理及显示系统由硬件和软件组成，其中硬件包括计算机、数据采集卡、输入输出板、数据集成箱；软件用于实现三轴应力渗流装置的控制及试验数据采集处理功能。

#### 3.3.5.1　数据采集系统

数据采集系统包括采集压力、温度、流量及瓦斯压力等的即时数值。为了提高试验准确度和操作的简便性，采用 C168H 数字采集控制卡，可实现三轴应力渗流装置试验结果的数字化采集传输。数字集成卡和数字集成控制柜分别如图 3-8 和图 3-9 所示。

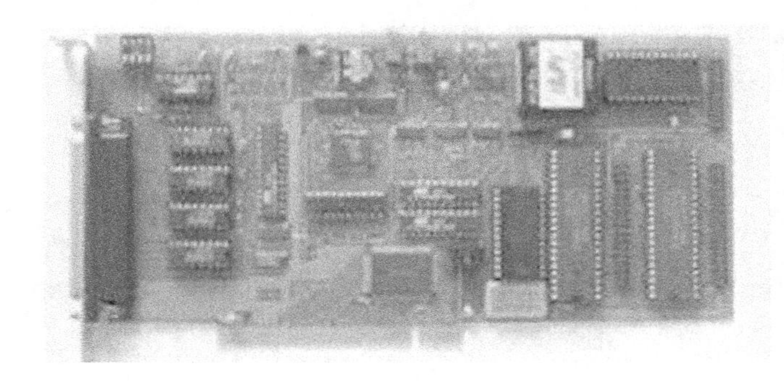

图 3-8　数字集成卡

图 3-9　数字集成控制柜

3.3.5.2　**软件数据处理显示系统**

软件采用 Delphi 语言编程,可运行于 Windows 7/XP 系统,具有参数转化、数据分析处理功能。软件可实时显示试验过程中的各参数值,同时可实时显示各参数值随时间变化曲线以及各参数值之间的关系曲线。试验人员给软件赋予参数初始值,计算机可以自动采集轴压、围压、轴向位移、温度、流量数据。计算机采集的数据经处理可生成原始数据表、分析表以及曲线图,同时生成数据库文件格式以便用户保存。软件界面示意图如图 3-10 所示。

软件可以实时测得煤(岩)样的轴压、围压、渗透率、温度、负压、轴向位移,并将数据自动保存至 Excel 表中。数据实时监控如图 3-11 所示,通过实时监控曲线可以观察煤(岩)样在不同温度、不同围压、不同轴压、不同负压下渗流的变化。

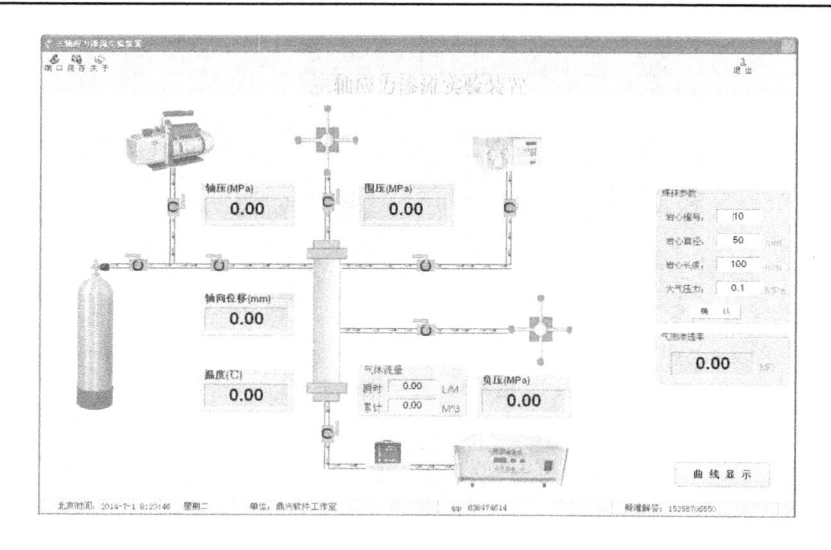


图 3-10　软件界面示意图

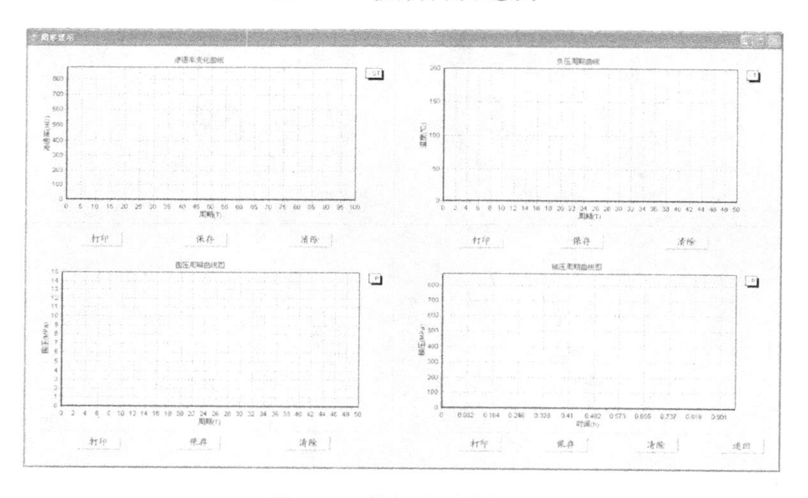


图 3-11　数据实时监控图

# 3.4　试验理论基础及准备

## 3.4.1　试验理论基础

在不考虑负压的情况下,常规的三轴应力渗流试验中,出口压力等于大气压,假设煤试件为均质材料且各向同性,渗透率计算符合 Darcy 定律,在进口瓦斯压力一定时,渗透率计算公式为[129]

$$k = \frac{2\mu p_{\text{out}} Q_{\text{out}} L}{(p_{\text{in}}^2 - p_{\text{out}}^2) A} \tag{3-1}$$

式中,$k$ 为渗透率;$\mu$ 为瓦斯的动力黏度系数,MPa · s;$p_{\text{in}}$、$p_{\text{out}}$ 为进、出口瓦斯压力,MPa;

$Q_{out}$ 为瓦斯压力 $p_{out}$ 时的瓦斯流量，$m^3/s$；$L$ 为试件长度，m；$A$ 为试件截面面积，$m^2$。

在进口和出口瓦斯压力恒定的渗流试验过程中，根据 Darcy 定律有

$$q = -\frac{k}{\mu} \cdot \frac{dp}{dx} \tag{3-2}$$

式中，$v$ 为瓦斯通过试件的速度，m/s；$dp/dx$ 为压力梯度，MPa/m。

$$\rho q = -\rho \frac{k}{\mu} \cdot \frac{dp}{dx} \tag{3-3}$$

其中，$\rho q$ 为气体的质量通量。

将式(3-3)在 $p(x=0) = p_{in}$ 到 $p(x=L) = p_{out}$ 进行积分，得

$$q = \frac{k}{\mu} \cdot \frac{p_{in} - p_{out}}{L} \tag{3-4}$$

式中，$p_{out}$ 为出口瓦斯压力。

在单位时间内，设瓦斯流速为 $q$，当试件横截面面积等于 $A$ 时，其流量 $Q$ 为

$$Q = qA \tag{3-5}$$

设 $Q$ 为 $(p_{in} + p_{out})/2$ 时的流量，$Q_{out}$ 为 $p_{out}$ 等于 1 个大气压时的流量，由气体状态方程可得

$$\frac{p_{in} + p_{out}}{2} Q = p_{out} Q_{out} \tag{3-6}$$

根据式(3-4)～式(3-6)，则得式(3-1)渗透率计算式。

由于出口压力等于大气压，式(3-6)可写为

$$k = \frac{2\mu P_0 Q_0 L}{(p_{in}^2 - p_0^2)A} \tag{3-7}$$

式中，$p_0$ 为标准大气压，MPa；$Q_0$ 为 $p_0$ 在标准大气压时的渗流量，$m^3/s$。

### 3.4.2　试验准备

煤样取自晋城某矿 3[#]煤层煤。试件制作步骤：①在煤矿井下采取长方体状、一定厚度的煤块若干；②采用岩石钻孔机钻取煤芯；③采用双端面磨石机对钻取的煤芯进行打磨；④打磨成 $\phi$ 50 mm × 100 mm 标准试件，试件高度及端面平整度满足试验要求。

采用三轴渗流试验装置进行不同围压下的三轴压缩渗流试验，围压分别为 1 MPa、2 MPa、3 MPa、4 MPa，测试煤样在变形破坏过程中的瓦斯流量、轴向应变、侧向应变。三轴应力渗流试验是在出口压力为大气压情况下进行的。

## 3.5　试验结果分析

### 3.5.1　煤的压缩－扩容边界

煤在受力变形破坏过程中，由压缩变形过渡到扩容变形的应力状态时，相应于压缩－扩容边界，即 C/D 边界是压缩与扩容过渡的转化边界。在扩容区域，除了塑性变形还伴

随裂纹的扩展,渗透率迅速增加。定义体积应变增量 $\varepsilon_v^p$ 计算公式为

$$\varepsilon_v^p = \varepsilon_{vi+1} - \varepsilon_{vi} \tag{3-8}$$

式中,$\varepsilon_{vi}(i=1,2,3,\cdots,n)$为体积应变。

其中,体积应变 $\varepsilon_v$ 计算公式为

$$\varepsilon_v = \varepsilon_1 + 2\varepsilon_3 \tag{3-9}$$

式中,$\varepsilon_1$ 为轴向应变;$\varepsilon_3$ 为侧向应变。

$\varepsilon_v$ 取压缩为正,膨胀为负。

C/D 边界条件如下

$$\begin{cases} \varepsilon_v^p > 0 & (\text{压缩}) \\ \varepsilon_v^p = 0 & (\text{C/D 边界}) \\ \varepsilon_v^p < 0 & (\text{扩容}) \end{cases} \tag{3-10}$$

C/D 边界示意图如图 3-12 所示,图 3-12 中,$\tau$ 为剪应力,$\sigma_m$ 为平均正应力。

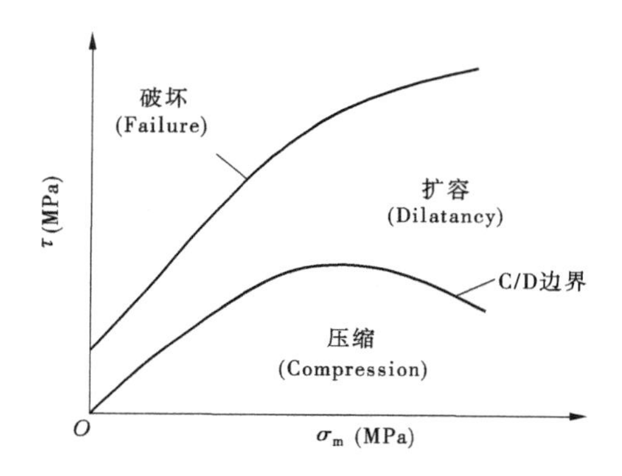


图 3-12　C/D 边界示意图[117]

C/D 边界表达式为[130,131]

$$\begin{cases} X(\sigma_m,\tau) = -\tau + f_1\sigma_m^2 + f_2\sigma_m \\ \tau = \dfrac{1}{3}[(\sigma_1-\sigma_2)^2 + (\sigma_1-\sigma_3)^2 + (\sigma_2-\sigma_3)^2]^{1/2} \\ \sigma_m = \dfrac{1}{3}(\sigma_1+\sigma_2+\sigma_3) \end{cases} \tag{3-11}$$

采用主应力表达式为

$$\begin{aligned} X(\sigma_1,\sigma_2,\sigma_3) = & -\frac{1}{3}[(\sigma_1-\sigma_2)^2 + (\sigma_1-\sigma_3)^2 + (\sigma_2-\sigma_3)^2]^{1/2} \\ & + f_1[\frac{1}{3}(\sigma_1+\sigma_2+\sigma_3)]^2 + \frac{1}{3}f_2(\sigma_1+\sigma_2+\sigma_3) \end{aligned} \tag{3-12}$$

采用不变量表达式为

$$
\begin{cases}
X(I_1,J_2) = -\sqrt{\dfrac{2}{3}}\sqrt{J_2} + f_1\dfrac{{I_1}^2}{9} + f_2\dfrac{I_1}{3} \\
I_1 = \sigma_1 + \sigma_2 + \sigma_3 \\
J_2 = \dfrac{1}{6}[(\sigma_1 - \sigma_2)^2 + (\sigma_1 - \sigma_3)^2 + (\sigma_2 - \sigma_3)^2]
\end{cases}
\tag{3-13}
$$

由 $\tau_\pi = \sqrt{2J_2}$，$\sigma_\pi = I_1/\sqrt{3}$，采用 π 平面（$\sigma_1 + \sigma_2 + \sigma_3 = C$）上的法向应力 $\sigma_\pi$ 和剪应力 $\tau_\pi$ 表示为

$$
X(\sigma_\pi,\tau_\pi) = -\frac{1}{\sqrt{3}}\tau_\pi + f_1\frac{\sigma_\pi^2}{3} + f_2\frac{\sigma_\pi}{\sqrt{3}}
\tag{3-14}
$$

在子午面上法向应力与剪应力的关系为

$$
\tau_\pi = \frac{\sqrt{3}}{3}f_1\sigma_\pi^2 + f_2\sigma_\pi
\tag{3-15}
$$

C/D 边界的应力空间形态如图 3-13 所示，扩容边界是以 $\tau_\pi = \frac{\sqrt{3}}{3}f_1\sigma_\pi^2 + f_2\sigma_\pi$ 为母线，以等倾线为旋转轴的空间曲面，曲面在 π 平面上的迹线为抹圆了角的六边形。应该指出的是，在空间上，C/D 边界是边界带而不是边界线。

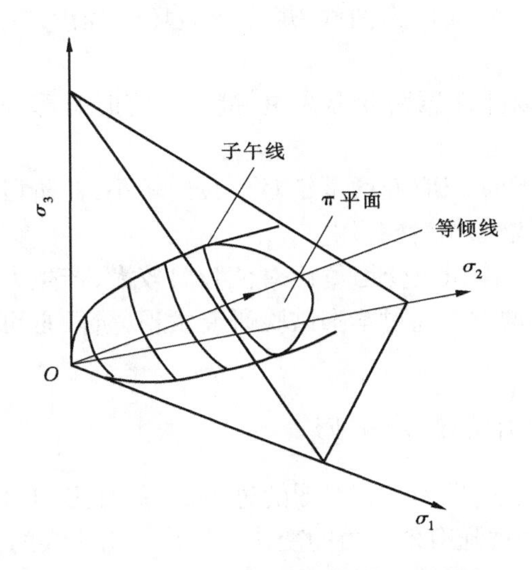


图 3-13　C/D 边界的应力空间形态

## 3.5.2　压缩扩容与渗透率

煤试件在不同围压下的压缩扩容与渗透过程有相同的规律特征。在压缩初始阶段煤试件主要表现为压缩和弹性变形，其特点是随着轴向应力的增加，煤试件开始承载和产生变形，主要以轴向变形为主，侧向变形较小，并在轴向上产生体积压缩，此时原煤试件中的原生裂隙闭合，渗透率有所降低。随着轴向应力的增大，煤试件发生塑性变形，侧向变形增加较快，越来越占主导地位。在塑性变形前期，微裂隙扩展，体积应变增量由正转负，此

时渗透率缓慢增大，塑性变形后期，宏观裂隙产生，形成瓦斯运移通道，渗透率迅速增大。由 C/D 边界相关理论及三轴压缩试验结果，某矿煤的 C/D 边界如图 3-14 所示。

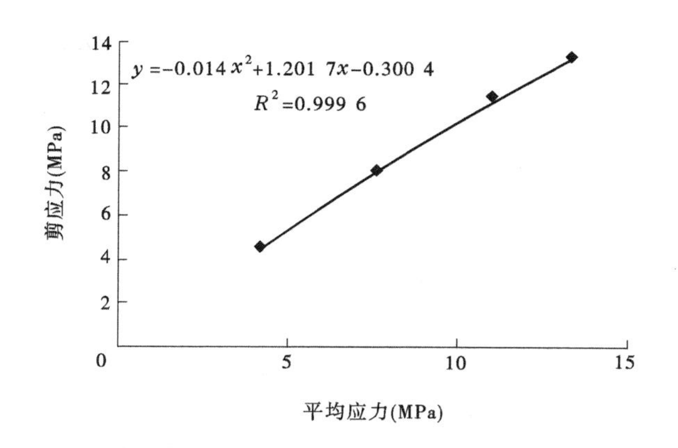


**图 3-14　煤的 C/D 边界**

不同围压下的扩容边界与渗透率如图 3-15 所示。

由图 3-15 的渗透率—轴向应力曲线，煤变形破坏过程渗透率变化可分为三个阶段（见图 3-16）：

（1）阶段Ⅰ，$\varepsilon_v^p>0$，以弹性压密变形为主，接近扩容时有部分微裂隙发展，孔隙率降低，渗透率下降。

（2）阶段Ⅱ，$\varepsilon_v^p<0$，且体积应变增量绝对值$|\varepsilon_v^p|$较小，此阶段微裂隙发展较快，但裂隙之间无连通性，渗透率增加相对较慢。

（3）阶段Ⅲ，$\varepsilon_v^p<0$，且体积应变增量绝对值$|\varepsilon_v^p|$较大，产生大量宏观裂隙，并形成裂隙贯通通道，渗透率迅速增大。通过本书试验研究发现，阶段Ⅲ可能发生在峰值应力前，也可能与破坏同时发生。

### 3.5.3　压缩扩容过程中的渗流模型

在压缩扩容渗流试验中，压缩扩容变形的过程是一个孔隙压密、裂隙发生与扩展的过程，在此过程中，煤样渗透性随有效应力的变化而变化。由于煤的渗透特性在压缩阶段与扩容阶段截然不同，因此把煤压缩及裂隙扩展过程渗透率与有效应力分开描述。对于软岩（煤）材料，采用修正的有效应力方程，煤体所受有效应力 $\sigma_e$ 可用下式表示[132]

$$\sigma_e = \sigma - \alpha p \tag{3-16}$$

式中，$\sigma$ 为正应力；$p$ 为孔隙压力；$\alpha$ 为 Biot 系数（$0\leqslant\alpha\leqslant1$）。在对分析结果影响不大的情况下，为便于计算并根据相关研究结果，压缩时 Biot 系数取值为 0.5，扩容时 Biot 系数增大，取值为 0.9。相关压缩－扩容渗流模型如表 3-1 所示。

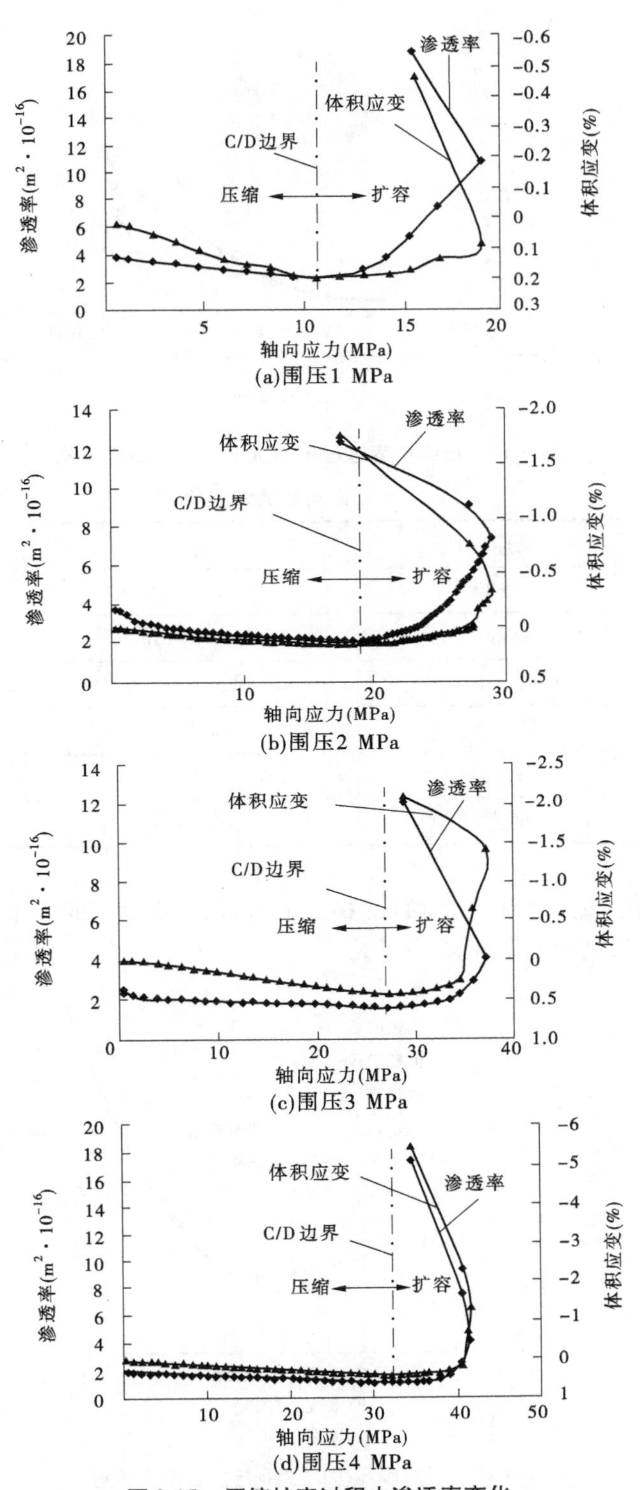


图3-15　压缩扩容过程中渗透率变化

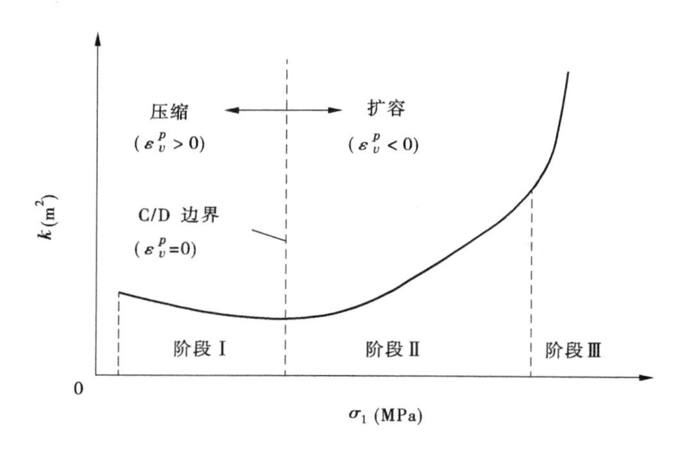


图 3-16　压缩扩容过程中渗透率—应力曲线模式

表 3-1　压缩与扩容渗流模型

| 阶段 | 描述/引用 | 公式 | 备注 |
| --- | --- | --- | --- |
| 压缩阶段 | 负指数[133] | $k = k_0 e^{-a\sigma_e}$ | $k_0$ 为初始渗透率；$k_{C/D}$ 为扩容边界渗透率；$a$、$b$、$c$、$d$、$m$、$n$、$s$、$t$、$l_1$、$l_2$、$l_3$ 为相关系数 |
| | Swan[134] | $k = k_0\ (m - n\ln\sigma_e)^2$ | |
| | Gangi[135] | $k = k_0\ [1 - (\sigma_e/s)^{1/t}]^2$ | |
| 扩容阶段 | 幂函数[133] | $k = k_{C/D}\sigma_e^b$ | |
| | 梁冰[136] | $k = k_{C/D}(1 + ce^{-d\sigma_e})$ | |
| | 二项式[137,138] | $k = l_1\sigma_e^2 + l_2\sigma_e + l_3$ | |

采用表 3-1 中压缩阶段和扩容阶段(破坏前)渗流模型对不同围压下的渗透率—有效应力关系进行拟合,结果如图 3-17 所示。

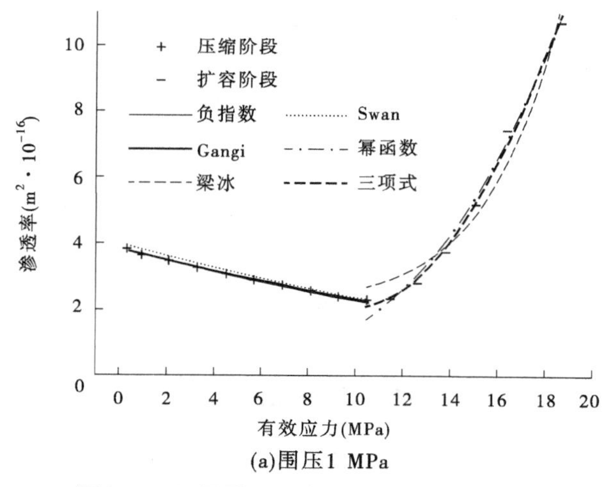


(a)围压1 MPa

图 3-17　不同围压下的压缩与扩容渗流模型

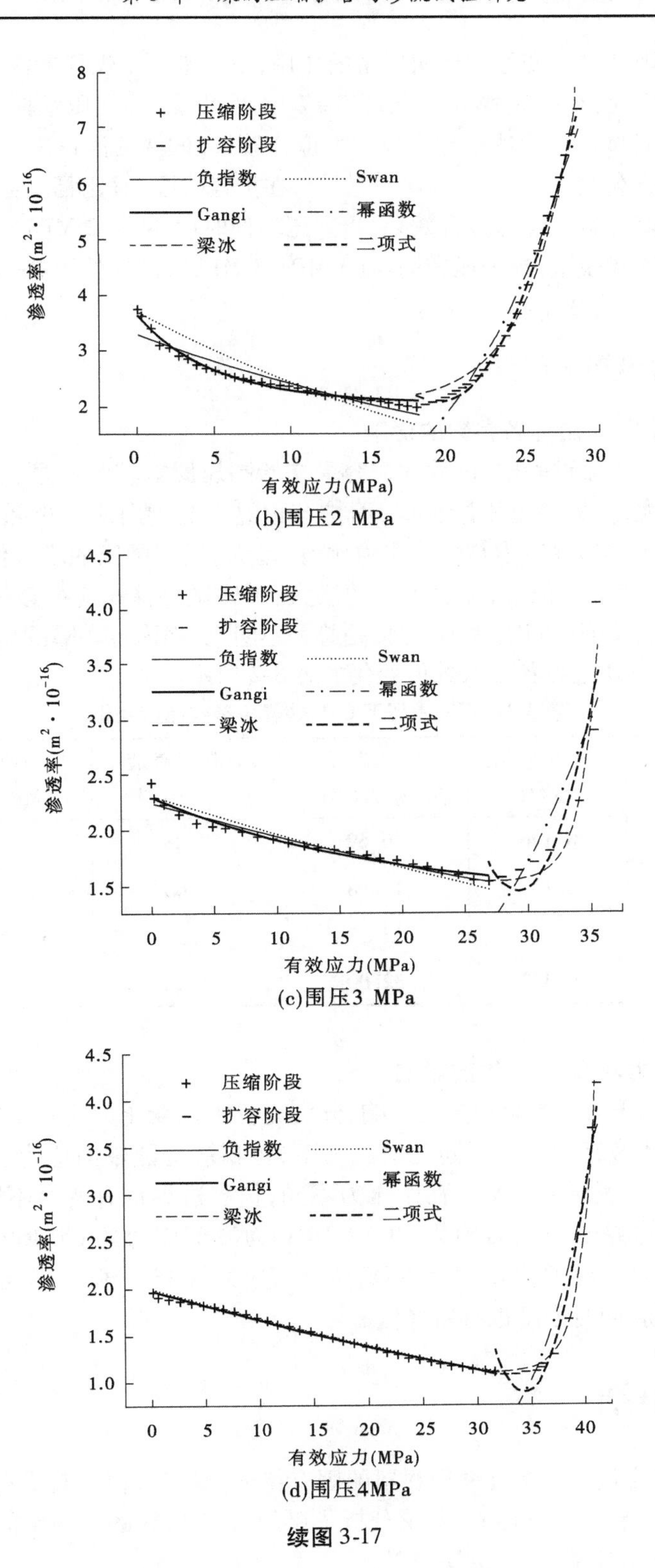

(b)围压2 MPa


(c)围压3 MPa


(d)围压4MPa

续图 3-17

由于围压有阻碍轴向变形和环向压密的作用,不同围压下煤样的渗透率有所不同,且对渗流—扩容曲线也有一定影响。从图 3-17 中可以看出,在压缩阶段,对比负指数、Swan、Gangi 模型对试件的渗透率与有效应力拟合效果,试件的渗透率与有效应力更符合 Gangi 模型,即符合公式 $k = k_0 [1 - (\sigma_e/s)^{1/t}]^2$;在扩容阶段,对比幂函数、梁冰、二项式模型对试件的渗透率与有效应力拟合效果,当围压较低时(1 MPa、2 MPa),试件的渗透率与有效应力符合二项式模型,当围压较高时(3 MPa、4 MPa),试件的渗透率与有效应力符合公式 $k = k_{C/D}(1 + ce^{-d\sigma_e})$。

### 3.5.4　C/D 边界影响因素

#### 3.5.4.1　围压对 C/D 边界各参数的影响

在压缩扩容与渗流试验中,试件的扩容受初始围压影响较为明显,从强度特征看,随着初始围压的增大,应力峰值不断提高,而扩容边界上的轴向应力也随围压的增大而增大,同时应力比(扩容边界应力与峰值应力比值)增大,说明围压的增大使扩容延后发生,C/D 边界延后;从变形特征看,随着围压的增大,煤体试件体积应变整体呈增大趋势,由于煤样的离散性以及围压间隔较小,这种趋势并不明显;而渗透率随围压的增大呈减小趋势。不同围压下 C/D 边界各参数数值变化如表 3-2 所示。

**表 3-2　不同围压下 C/D 边界各参数数值变化**

| 围压 (MPa) | 瓦斯压力 (MPa) | C/D 边界体积应变(%) | C/D 边界轴向应力(MPa) | C/D 边界渗透率 ($m^2 \cdot 10^{-16}$) | 峰值应力 (MPa) | 应力比 (%) |
|---|---|---|---|---|---|---|
| 1 | 0.5 | 0.196 | 10.69 | 2.28 | 19.00 | 56.26 |
| 2 | 0.5 | 0.167 | 18.98 | 2.03 | 29.04 | 65.36 |
| 3 | 0.5 | 0.452 | 27.12 | 1.53 | 37.05 | 73.20 |
| 4 | 0.5 | 0.422 | 32.00 | 1.10 | 41.60 | 76.92 |

#### 3.5.4.2　瓦斯压力对 C/D 边界的影响

为了研究瓦斯压力对扩容边界的影响,分别进行了瓦斯压力为 0.5 MPa 和瓦斯压力为 1 MPa 时的加载渗流试验。不同瓦斯压力下,体积应变随轴向应力变化如图 3-18 所示。在相同围压下(围压 2 MPa),瓦斯压力不同,扩容边界也有明显不同。瓦斯压力为 0.5 MPa 时,扩容边界轴向应力约为 18.98 MPa,为峰值应力的 65.36%;瓦斯压力为 1 MPa 时,扩容边界轴向应力约为 13.5 MPa,为峰值应力的 48.56%。即瓦斯压力增大导致煤的裂隙扩展提前,同时强度也有所降低。

## 3.6　本章小结

(1)压缩—扩容过程是多孔介质材料的固有特征,渗流过程与其具有相关性,采用体积应变增量定义了煤的 C/D 边界,理论分析了煤的 C/D 边界的应力空间形态,并通过不同围压下的三轴试验得到煤的 C/D 边界。

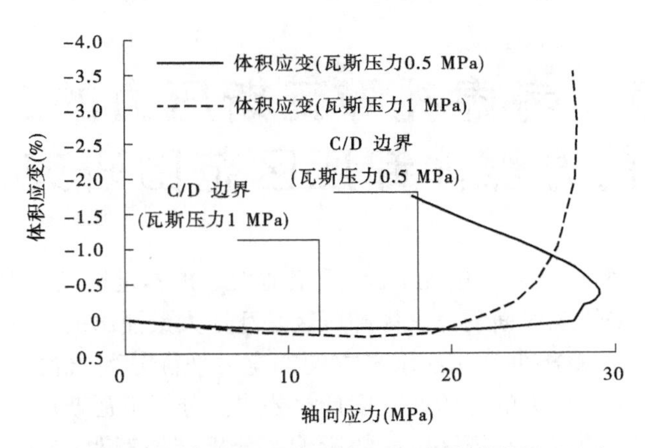


**图 3-18　不同瓦斯压力下的 C/D 边界(围压 2 MPa)**

(2)扩容边界把煤的应力—应变过程分为压缩阶段和扩容阶段。通过三轴渗流试验,研究了煤在压缩—扩容过程中的瓦斯渗流变化,在压缩阶段,渗透率降低,试件的渗透率与有效应力曲线更符合公式 $k = k_0\left[1-(\sigma_e/s)^{1/t}\right]^2$;在扩容阶段,渗透率增大,当围压较低时,试件的渗透率与有效应力曲线符合二项式模型,当围压较高时,试件的渗透率与有效应力曲线符合公式 $k = k_{C/D}(1 + ce^{-d\sigma_e})$。

(3)在压缩扩容与渗流试验中,初始围压的增大使应力峰值提高,扩容边界上的轴向应力增大,同时应力比增大;随着初始围压的增大,扩容边界上的渗透率呈减小趋势。而瓦斯压力增大导致煤的裂隙扩展提前,即 C/D 边界发生得越早,同时强度也有所降低。

# 第 4 章　考虑孔隙瓦斯压力的工作面前方煤体卸压区范围研究

前述章节试验证实煤在扩容过程中,渗透率增大。扩容过程实际对应采煤工作面前方煤体卸压过程,而采煤工作面前方煤体卸压区是瓦斯大量涌出的区域,也是后续章节瓦斯抽采应用的区域。本章根据卸压区水平方向的应力平衡方程,结合 Mohr - Coulomb 准则,推导了包含孔隙瓦斯压力的卸压区宽度计算公式。分析了瓦斯压力、Biot 系数、采深、采厚、煤的力学性质等因素对卸压区宽度的影响。分析结果表明:在水平方向上,瓦斯压力对卸压区宽度的影响表现为促进作用,卸压区宽度随瓦斯压力的增大而扩大;在垂直方向上,Biot 系数对卸压区宽度的影响较小,在计算卸压区宽度时,瓦斯压力对垂直应力的影响可以忽略;采深越深,采厚越厚,卸压区宽度越大;内摩擦角和黏聚力越大,卸压区宽度越小。采用钻孔应力传感器现场实测了某矿工作面前方煤体卸压区宽度,与理论公式计算结果基本一致。

## 4.1　概　述

在巷道开挖分区研究中,通常把圆形巷道周围的煤岩变形、破坏分为弹性区、塑性区和破碎区,通过弹塑性理论得到塑性区和破碎区半径[139~141],有关采动影响下煤岩塑性区及卸压区范围的研究,国内外不少学者做出了积极的贡献。在相关研究中,采用的屈服破坏准则不尽相同,以 Mohr - Coulomb 准则为主;研究的巷道形状也有区别,以圆形巷道为主。

Fenner 基于岩体为理想弹塑性介质的假设,首先提出了圆形巷道开挖的弹塑性区范围研究方法,Kastner (1951)提出修正的 Fenner 公式,即应用广泛的 Kastner 公式[142]。塑性区范围 $R_p$表达式为

$$R_p = R_0\left[\frac{(\sigma_0 + C\cot\varphi)(1 - \sin\varphi)}{C\cot\varphi + R_x}\right]^{\frac{1-\sin\varphi}{2\sin\varphi}} \tag{4-1}$$

式中,$R_0$为巷道半径;$\sigma_0$为原岩应力;$C$ 为黏聚力;$\varphi$ 为内摩擦角;$R_x$为支护阻力。

文献[143]对芬纳公式进行了修正,修正后的塑性区范围公式为

$$R_p = R_0\left[\frac{(\sigma_0 + C\cot\varphi)(1 + \sin\varphi)}{C\cot\varphi + R_x}\right]^{\frac{1+\sin\varphi}{2\sin\varphi}} \tag{4-2}$$

式中,符号意义同前。

文献[144]在考虑塑性区范围为时间 $t$ 的函数的基础上,并基于 Mohr - Coulomb 准则,建立了圆形隧洞模型洞壁支护阻力和塑性区范围的关系式。当时间 $t$ 趋于无穷大时,则有

$$\begin{cases} R_p(t) = R_0\left[\dfrac{(\sigma_0 + C\cot\varphi)(1-\sin\varphi)}{C\cot\varphi + R_x(t)}\right]^{\frac{1-\sin\varphi}{2\sin\varphi}} \\ R_x(t) = (\sigma_0 + C\cot\varphi)(1-\sin\varphi)\left[\dfrac{R_0}{R_p(t)}\right]^{\frac{2\sin\varphi}{1-2\sin\varphi}} - C\cot\varphi \end{cases} \tag{4-3}$$

文献[145]把岩石的全应力—应变曲线峰后残余强度作为塑性软化强度，给出了圆形巷道塑性区半径通解，并与 H. Kastner、Airey 和袁文伯等[146]塑性区半径公式做了对比分析，认为建立的考虑岩石的后破坏特征的塑性区范围模型更接近实际情况。考虑岩石的后破坏特征的塑性区范围计算公式如下

$$\begin{cases} b_1 = \dfrac{(\sigma_c^{0.5} - \sigma_c)\sigma_c^* - 0.5(\sigma_c^* - \sigma_c)\sigma_c^{0.5}}{(\sigma_c^{0.5} - \sigma_c) - 0.5(\sigma_c^* - \sigma_c)} \\ b_2 = \dfrac{2r^2}{B_0(r^2 - R^2)}\left(\dfrac{1}{\sigma_c - b_1} - \dfrac{1}{\sigma_c^{0.5} - b_1}\right) \\ b_3 = \dfrac{1}{\sigma_c - b_1} - b_2 B_0 \\ \dfrac{R_0^2}{R_p}\left[\dfrac{1}{2b_2B_0}\ln\dfrac{R_0^2(b_2B_0 + b_3)}{b_2B_0R_p^2 + b_3R_0^2} + \dfrac{2\sigma_0 - \sigma_c}{4} + \dfrac{b_1}{2}\right] - \dfrac{b_1}{2} - R_x = 0 \end{cases} \tag{4-4}$$

式中，$\sigma_c^*$ 为煤岩体的残余强度；$\sigma_c$ 为塑性软化强度；$\sigma_c^{0.5}$ 为煤岩体全应力—应变曲线峰值强度处应变与弹塑性交界处应变之和的 1/2 处的塑性软化应力；$B_0$ 为峰值强度处应变；其他符号意义同前。

文献[147]基于 Druker – Prager 准则（简称 D – P 准则）推导了考虑中间主应力的塑性区范围计算公式，认为考虑中间主应力后，圆形岩巷的塑性区半径增大。考虑中间主应力塑性区范围计算公式如下

$$R_p = \alpha\left[\frac{(\sigma_0 + K/3\alpha)(1 - 3\alpha)}{R_x + K/3\alpha}\right]^{\frac{1-3\alpha}{6\alpha}} \tag{4-5}$$

式中，$\alpha$、$K$ 为 D – P 准则系数；其他符号意义同前。

文献[148]研究了三维应力状态下采煤工作面前方塑性区范围，综合考虑煤岩界面与煤体内部力学参数，根据极限平衡条件（Mohr – Coulomb 准则）给出了塑性区宽度的计算公式，即

$$\begin{cases} R_p = \dfrac{m}{2f_1\xi}\ln\left(\dfrac{K\gamma H + \dfrac{1}{f_1}(C_1 + mC_2 + mf_2\sigma_y)}{\xi(R_x + C_2\cot\varphi)\dfrac{1}{f_1}(C_1 + mC_2 + mf_2\sigma_y) - C_2\cot\varphi}\right) \\ \xi = \dfrac{1 + \sin\varphi}{1 - \sin\varphi} \end{cases} \tag{4-6}$$

式中，$f_1$、$f_2$ 为上下煤岩界面内摩擦系数；$C_1$、$C_2$ 为上下煤岩界面黏聚力；$\sigma_y$ 为 $y$ 方向主应力。

文献[149]从煤柱稳定性的角度出发，应用极限平衡理论和 Mohr – Coulomb 准则给出了塑性区宽度的计算公式

$$R_p = \frac{m\sigma_t}{2f_1\sigma_c}\ln\left[\frac{K\gamma H + \frac{1}{f_1}(C_1 + mC_2 + mf_2\sigma_y)}{\frac{\sigma_c}{\sigma_t}p_x + \sigma_c + \frac{1}{f_1}(C_1 + mC_2 + mf_2\sigma_y)}\right] \tag{4-7}$$

式中，$\sigma_c$、$\sigma_t$分别为单轴抗压、抗拉强度；$p_x$为侧向阻力。

文献[150]根据煤巷两帮煤体的受力特点，结合 Mohr - Coulomb 准则，提出了巷道两帮煤体卸压区宽度的简化计算公式

$$x_b = \frac{2m\left[\tan^2(45° - \frac{\varphi}{2}) - \frac{\tau}{\sigma_0}\right]}{\tan\varphi_u + \tan\varphi_d} \tag{4-8}$$

式中，$x_b$为卸压区宽度；$m$ 为煤层开采厚度；$\varphi$ 为内摩擦角；$\tau$ 为剪应力；$\varphi_u$、$\varphi_d$为上下部煤体内摩擦角。

文献[151]认为巷道两帮煤体应力呈双曲线分布，由剪切位移及剪应力公式，得到水平方向平衡方程，推导了煤巷两帮塑性区范围计算公式

$$x_0 = \frac{1}{2\sqrt{k_s/mE}}\ln\frac{2(C + K\gamma H\tan\varphi) + F\sqrt{k_s/mE}}{2(C + K\gamma H\tan\varphi) - F\sqrt{k_s/mE}} \tag{4-9}$$

式中，$x_0$为极限平衡区范围；$k_s$为煤岩界面刚度系数（切线方向）；$\gamma$ 为容重；$H$ 为采深；$K$ 为应力集中系数；$F$ 为水平合力；其他符号意义同前。

文献[152]认为原有的塑性区范围计算公式以均质为假设条件，与实际情况有较大差别，而煤体为松散介质，基于此并结合应力平衡方程，得到煤体的塑性区宽度计算公式为

$$x_0 = \frac{mA}{2\tan\varphi}\ln\left(\frac{K\sigma_0 + C/\tan\varphi}{C/\tan\varphi + R_x/A}\right) \tag{4-10}$$

式中，$A$ 为侧压系数；其他符号意义同前。

文献[153]在忽略支护阻力的情况下，煤体卸压带宽度计算公式为

$$x_b = \frac{mA}{2\tan\varphi}\ln\left(\frac{\sigma_0\tan\varphi}{C} + 1\right) \tag{4-11}$$

以上研究成果基于不同理论基础、不同假设条件、不同巷道形状，得到相应的煤岩塑性区或卸压区计算公式，但对于高瓦斯及煤与瓦斯突出煤层，瓦斯对卸压区有较大影响，应给予考虑。

含有孔隙压力的煤岩体变形与强度的变化取决于有效应力的变化。Terzaghi[68]首先提出包含孔隙压力的有效应力方程。Biot[154]基于固结理论推导出包含孔隙压力和变形的土体固结方程。Robinson[155]、Skempton[156]、Nur[157]、Walsh[158]等在考虑到孔隙压力和颗粒压缩性的基础上，并通过对有效应力方程的多次修正，提出适合煤岩的有效应力公式。而在水平方向上，开挖空间与煤体内部形成瓦斯压力差，促进了煤体的破坏。在工程实践中，卸压区内瓦斯大量涌出，与卸压区范围的扩展相互促进，也为卸压瓦斯抽采提供了理论依据[159]。

根据以上研究成果，紧挨采煤工作面的卸压区与煤壁处大气压形成了促进煤体破坏的瓦斯压力差，对卸压区的扩展影响是显著的，而现有研究成果并未考虑孔隙瓦斯压力的

影响。在计算工作面前方煤体的卸压区宽度时考虑孔隙瓦斯压力影响，则计算结果更接近现实情况，从而为工作面支护、卸压区瓦斯抽采提供更为精确的指导。

## 4.2　考虑孔隙瓦斯压力的工作面前方煤体卸压区范围计算

### 4.2.1　力学模型

受煤矿开采影响，采煤工作面前方煤体应力重新分布，形成原始应力区、支承压力区、卸压区，简称为“三区”，随着工作面的不断向前推进，煤体都会依次经历“三区”的应力演化过程。同样，工作面前方煤体的卸压破坏也是一个不断向前扩展、不断发生的过程。工作面前方煤体应力计算模型如图4-1所示。图中$K$为应力集中系数；$\gamma$为容重，t/m$^3$；$H$为埋深，m；$\Delta P$为瓦斯压力差，MPa，$x_b$为卸压区宽度，m；$m$为煤层开采厚度，m；$R_x$为侧向支护阻力，MPa。

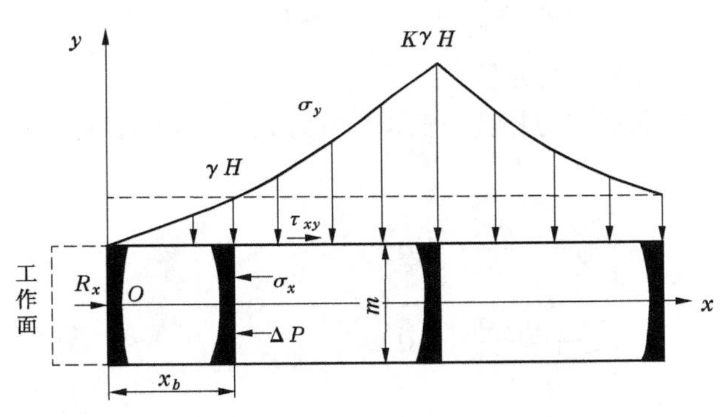


图4-1　工作面前方应力计算模型

### 4.2.2　基本假设

(1)煤体在屈服破坏时产生滑移面，视煤岩界面和煤层内部煤体力学参数黏聚力和内摩擦角相同，黏聚力和内摩擦角分别设为$C$、$\varphi$。滑移面上的正应力$\sigma_y$和剪应力$\tau_{xy}$满足方程[152]

$$\tau_{xy} = -(\sigma_y \tan\varphi + C) \tag{4-12}$$

(2)假设煤体为均质体，满足连续介质条件，且各向同性。

(3)工作面前方煤体应力随距工作面距离的增加而不断增大，直至达到最大值，随后开始卸压，在卸压区边界处，有

$$\sigma_y(x = x_b) = \gamma H \tag{4-13}$$

(4)水平应力$\sigma_x$可以用垂直应力乘以侧压系数来表示，即

$$\sigma_x(x = x_b) = A\sigma_y(x = x_b) = A\gamma H \tag{4-14}$$

式中，$A$为卸压区边界处侧压系数。

(5)由卸压平衡区沿$x$方向的合力(水平应力、剪应力、瓦斯压力差、侧向支护阻力)

为零,水平方向方程满足

$$mA\sigma_y + 2\int_0^x \tau_{xy}\mathrm{d}x + m\Delta p - mR_x = 0 \tag{4-15}$$

式中,$\Delta p = p - p_0$,$p$ 为煤层瓦斯压力;$p_0$为大气压(取 0.1 MPa)。

### 4.2.3 基本方程及其解算

煤体应力状态可视作平面问题,煤体应力平衡方程为

$$\begin{cases} \dfrac{\partial \sigma_x}{\partial x} + \dfrac{\partial \tau_{xy}}{\partial y} + X = 0 \\ \dfrac{\partial \tau_{xy}}{\partial x} + \dfrac{\partial \sigma_y}{\partial y} + Y = 0 \\ \tau_{xy} = -(\sigma_y \tan\varphi + C) \\ mA\sigma_y + 2\int_0^x \tau_{xy}\mathrm{d}x + m\Delta p - mR_x = 0 \end{cases} \tag{4-16}$$

$X$、$Y$ 分别为体积力沿 $x$、$y$ 的分量。

与上覆岩层施加的垂直应力相比,煤体体积力大小可以忽略不计。若忽略体积力的影响,式(4-16)为

$$\begin{cases} \dfrac{\partial \sigma_x}{\partial x} + \dfrac{\partial \tau_{xy}}{\partial y} = 0 \\ \dfrac{\partial \tau_{xy}}{\partial x} + \dfrac{\partial \sigma_y}{\partial y} = 0 \\ \tau_{xy} = -(\sigma_y \tan\varphi + C) \\ mA\sigma_y + 2\int_0^x \tau_{xy}\mathrm{d}x + m\Delta p - mR_x = 0 \end{cases} \tag{4-17}$$

由式(4-17)第二、第三个方程得

$$-\frac{\partial \sigma_y}{\partial x}\tan\varphi + \frac{\partial \sigma_y}{\partial y} = 0 \tag{4-18}$$

基本方程为一阶齐次方程组,可设

$$\sigma_y = f(x)g(y) + W_1 \tag{4-19}$$

把式(4-19)代入式(4-18)得

$$-f'(x)g(y)\tan\varphi + f(x)g'(y) = 0 \tag{4-20}$$

把式(4-20)整理后得

$$\frac{f'(x)}{f(x)}\tan\varphi = \frac{g'(y)}{g(y)} = W \tag{4-21}$$

式(4-21)左右两侧分别为 $x$ 和 $y$ 的函数,由式(4-21)整理得

$$\begin{cases} f(x) = W_1' \mathrm{e}^{\frac{W}{\tan\varphi}x} \\ g(y) = W_2' \mathrm{e}^{Wy} \end{cases} \tag{4-22}$$

将式(4-22)代入式(4-20)和式(4-17)第三个等式,得

$$\begin{cases}\sigma_y = W_1' W_2' e^{Wy} e^{\frac{W}{\tan\varphi}x} + W_1 \\ \tau_{xy} = -(W_1' W_2' e^{Wy} e^{\frac{W}{\tan\varphi}x} + W_1)\tan\varphi + C\end{cases} \tag{4-23}$$

式中,$W$、$W_1$、$W_1'$、$W_2'$为待定常数。

在煤层的上边界处,$y = m/2$,设

$$W_0 = W_1' W_2' e^{\frac{Wm}{2}} \tag{4-24}$$

则式(4-23)变为

$$\begin{cases}\sigma_y = W_0 e^{\frac{W}{\tan\varphi}x} + W_1 \\ \tau_{xy} = -[W_0 e^{\frac{W}{\tan\varphi}x} + W_1)\tan\varphi + C]\end{cases} \tag{4-25}$$

由 $x$ 方向平衡方程变换得

$$m(A\sigma_y + \Delta p - R_x) + 2\int_0^x \tau_{xy} dx = 0 \tag{4-26}$$

对 $x$ 求导得

$$mA\frac{d\sigma_y}{dx} + 2\tau_{xy} = 0 \tag{4-27}$$

即

$$mA\frac{d\sigma_y}{dx} - 2(\sigma_y \tan\varphi + C) = 0 \tag{4-28}$$

式(4-28)变换为

$$\frac{d\sigma_y}{dx} - \frac{2\sigma_y \tan\varphi}{mA} = \frac{2C}{mA} \tag{4-29}$$

由通解公式

$$\sigma_y = e^{\int\frac{2\tan\varphi}{mA}dx}\left(\int\frac{2C}{mA}e^{-\int\frac{2\tan\varphi}{mA}dx}dx + W'\right) \tag{4-30}$$

解得

$$\sigma_y = W' e^{\frac{2\tan\varphi}{mA}x} - \frac{C}{\tan\varphi} \tag{4-31}$$

把式(4-31)与式(4-25)相比较得:$W = \dfrac{2\tan^2\varphi}{mA}$;$W_1 = -\dfrac{C}{\tan\varphi}$;$W_0 = W'$。

根据基本假设 $\sigma_y(x = x_b) = \gamma H$ 可得

$$\begin{cases}W_0 e^{\frac{2\tan\varphi}{mA}x_b} - \dfrac{C}{\tan\varphi} = \gamma H \\ 2\int_0^{x_b}\tau_{xy}dx + A\gamma Hm + m\Delta p - mR_x = 0\end{cases} \tag{4-32}$$

代入常数,并对式(4-25)剪应力进行积分得

$$\int_0^{x_b}\tau_{xy}dx = \frac{W_0 mA}{2}\left(1 - e^{\frac{2\tan\varphi}{mA}x_b}\right) \tag{4-33}$$

则式(4-32)变为

$$\begin{cases} W_0 e^{\frac{2\tan\varphi}{mA}x_b} - \dfrac{C}{\tan\varphi} = \gamma H \\ W_0 mA(1 - e^{\frac{2\tan\varphi}{mA}x_b}) + A\gamma Hm + m\Delta p - mR_x = 0 \end{cases} \tag{4-34}$$

解得

$$W_0 = \frac{C}{\tan\varphi} - \frac{\Delta p}{A} + \frac{R_x}{A} \tag{4-35}$$

由待定常数结果得到卸压平衡区范围内煤层界面的应力为

$$\begin{cases} \sigma_y = (\dfrac{C}{\tan\varphi} - \dfrac{\Delta p}{A} + \dfrac{R_x}{A}) e^{\frac{2\tan\varphi}{mA}x} - \dfrac{C}{\tan\varphi} \\ \tau_{xy} = -(C - \dfrac{\Delta p\tan\varphi}{A} + \dfrac{R_x\tan\varphi}{A}) e^{\frac{2\tan\varphi}{mA}x} \end{cases} \tag{4-36}$$

结合式(4-36)和式(4-17),在卸压区边界处有 $x = x_b$, $\sigma_y = \gamma H$,可得卸压区宽度为

$$x_b = \frac{mA}{2\tan\varphi}\ln\left(\frac{\gamma H + \dfrac{C}{\tan\varphi}}{\dfrac{C}{\tan\varphi} - \dfrac{\Delta p}{A} + \dfrac{R_x}{A}}\right) \tag{4-37}$$

由有效应力方程

$$\sigma_e = \sigma_y - \alpha P \tag{4-38}$$

式中,$\sigma_e$为有效应力;$\alpha$ 为 Biot 系数。

卸压区宽度计算公式为

$$x_b = \frac{mA}{2\tan\varphi}\ln\left(\frac{\gamma H - \alpha p + \dfrac{C}{\tan\varphi}}{\dfrac{C}{\tan\varphi} - \dfrac{\Delta p}{A} + \dfrac{R_x}{A}}\right) \tag{4-39}$$

# 4.3　卸压区宽度的影响因素

## 4.3.1　开采深度

设参数分别为:$\gamma = 2.5\ \text{t/m}^3$,$\alpha = 0.5$,$m = 3$ m,$p = 0.75$ MPa,$R_x = 0.3$ MPa。把参数值代入式(4-39),不同变质程度煤的卸压区宽度与开采深度关系如图 4-2 所示。当开采深度较浅时,卸压区宽度随开采深度的增加按对数规律迅速增大;当开采深度较深时,卸压区宽度增加变得较为缓慢,表现出线性增加特征。因此,从巷道及采煤工作面稳定性来看,当开采深度增加时,支护强度也应增强;从安全事故发生概率看,开采深度越深,煤与瓦斯突出事故发生的危险性越大,因此应采取措施扩大卸压区范围,如采取煤层注水、预裂爆破及抽采卸压区瓦斯等,使应力峰值向煤壁前方远处转移。

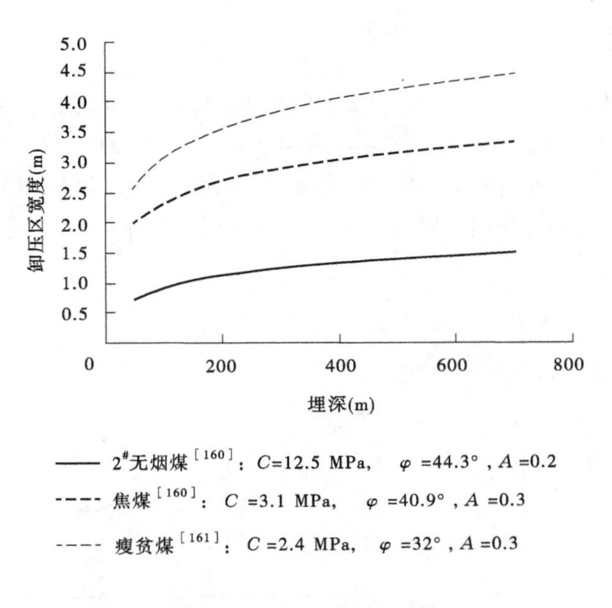


图 4-2 卸压区宽度与开采深度的关系

## 4.3.2 煤层开采厚度

设各参数值分别为：$\varphi = 32°$，$C = 2.4$ MPa，$H = 550$ m，$\gamma = 2.5$ t/m$^3$，$A = 0.3$，$\alpha = 0.5$，$m = 3$ m，$p = 0.75$ MPa，$R_x = 0.3$ MPa。从图4-3中可以看出，当煤层开采厚度较小时，卸压区宽度较小；当煤层开采厚度变大时，卸压宽度迅速增大，巷道支护难度增加。在同一地应力下，煤层开采厚度增加与卸压区宽度增加幅度一致，呈线性关系。

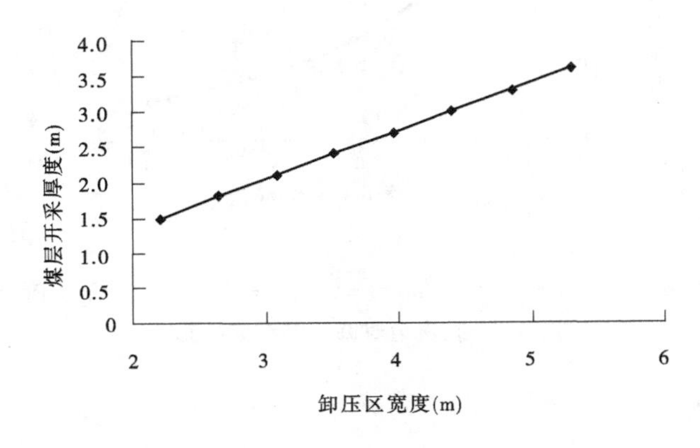


图 4-3 煤层开采厚度对卸压区宽度的影响

### 4.3.3　力学性质

煤的物理特性不同,其黏聚力和内摩擦角也不同,对卸压区宽度有较大影响。黏聚力、内摩擦角对卸压区宽度的影响如图 4-4、图 4-5 所示。卸压区宽度随内摩擦角、黏聚力的减小而扩大,具体表现为:在内摩擦角和黏聚力较大时,卸压区宽度随内摩擦角和黏聚力减小而扩大的幅度较小;在内摩擦角和黏聚力较小时,卸压区宽度随内摩擦角和黏聚力减小而扩大的幅度增大。

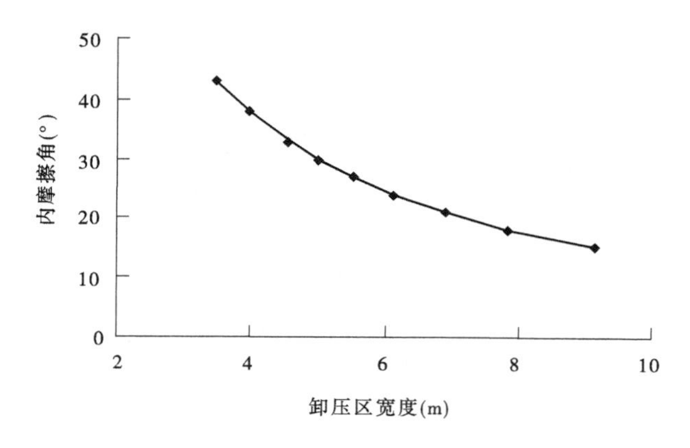


$C = 2.4$ MPa, $H = 550$ m, $\gamma = 2.5$ t/m$^3$, $A = 0.3$, $\alpha = 0.5$, $m = 3$ m, $p = 0.75$ MPa

**图 4-4　内摩擦角对卸压区宽度的影响**

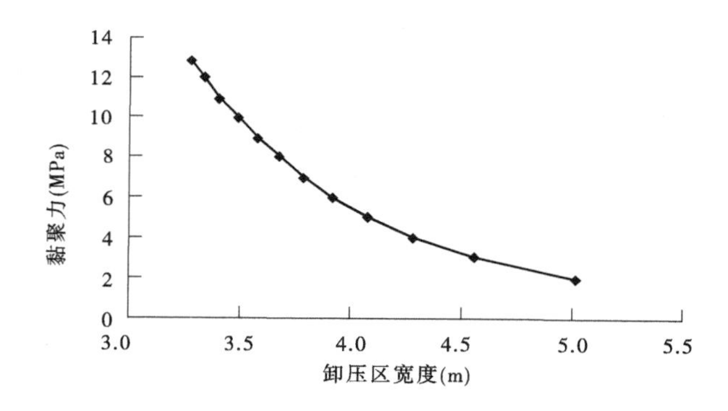


$\varphi = 32°$, $H = 550$ m, $\gamma = 2.5$ t/m$^3$, $A = 0.3$, $\alpha = 0.5$, $m = 3$ m, $p = 0.75$ MPa

**图 4-5　黏聚力对卸压区宽度的影响**

### 4.3.4　瓦斯压力

设参数值分别为:$\varphi = 32°$, $C = 2.4$ MPa, $H = 550$ m, $\gamma = 2.5$ t/m$^3$, $A = 0.3$, $\alpha = 0.5$, $m = 3$ m, $R_x = 0.3$ MPa。从图 4-6 可以看出,卸压区宽度随着瓦斯压力的增加而增大,瓦斯压力促进了煤体的破坏。具体表现为:瓦斯压力较小时,卸压区宽度增加较为缓慢;瓦斯压力较大时,卸压区宽度迅速增大。垂直应力为 2.5 MPa(埋深为 100 m),在不考虑瓦斯压力的情况下(瓦斯压力差为 0),卸压区宽度为 2.99 m;瓦斯压力差为 1.5 MPa 时,卸压区宽度为 5.65 m。可见,瓦斯压力越大,对卸压区宽度影响越大。

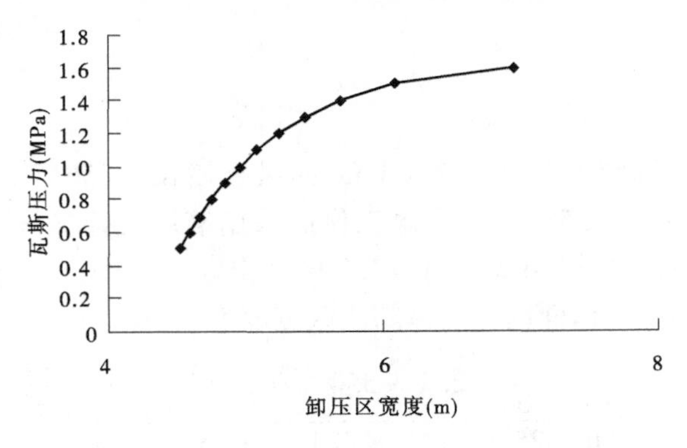


图 4-6　瓦斯压力对卸压区宽度的影响

## 4.3.5　Biot 系数

设参数值分别为:$\varphi=32°$,$C=2.4$ MPa,$\gamma=2.5$ t/m$^3$,$A=0.3$,$m=3$ m,$p=0.75$ MPa,$R_x=0.3$ MPa。表 4-1 给出了不同埋深和 Biot 系数(分别为 0、0.5)下的卸压区宽度。从表 4-1 可以看出,埋深为 100 m,Biot 系数分别为 0、0.5 时,卸压区宽度分别为 3.413 1 m、3.412 0 m,相差 0.001 1 m;埋深为 500 m,Biot 系数分别为 0、0.5 时,卸压区宽度分别为 4.640 1m、4.639 8 m,相差 0.000 3 m。因此,在垂直方向上,瓦斯压力对卸压区宽度的影响可以忽略。

表 4-1　Biot 系数对卸压区宽度的影响

| $m$(m) | | 100 | 200 | 300 | 400 | 500 |
|---|---|---|---|---|---|---|
| $x_b$(m) | $\alpha=0$ | 3.413 1 | 3.939 6 | 4.249 1 | 4.469 2 | 4.640 1 |
| | $\alpha=0.5$ | 3.412 0 | 3.939 0 | 4.248 7 | 4.468 9 | 4.639 8 |

## 4.3.6　其他影响因素

除上述因素外,侧压系数及支护阻力对卸压区宽度亦有影响。对于硬煤来说,卸压边界的侧向系数较小;在煤层较软的情况下,卸压边界的侧向系数较大。侧压系数越大,卸压区宽度越大。支护阻力对卸压区的影响分两种情况,当煤质较硬、煤层较稳定时,支护阻力对卸压区宽度的影响较小;而当煤体较松软时,支护阻力对卸压区宽度的影响较大,此时应加强工作面及巷道的支护。

# 4.4　实例分析

## 4.4.1　理论计算

某矿 N2105 工作面胶带顺槽长 2 471 m，回风顺槽长 2 356.5 m，采煤工作面长 283 m，煤层开采厚度 3 m，埋深 550 m。采煤工作面采用液压支架支护，侧向阻力 0.3 MPa。其他参数值为：$\varphi = 32°$，$C = 2.4$ MPa，$\gamma = 2.5$ t/m$^3$，$A = 0.3$，$\alpha = 0.5$，$p = 0.75$ MPa。将数据代入式(4-39)得采煤工作面前方煤体卸压区宽度为

$$x_b = \frac{3 \times 0.3}{2\tan 32°}\ln\left(\frac{2.5 \times 550 - 0.5 \times 0.75 + \frac{2.4}{\tan 32°}}{\frac{2.4}{\tan 32°} - \frac{0.65}{0.3} + \frac{0.3}{0.3}}\right)$$

经计算得：$x_b = 4.7$ m。

## 4.4.2　现场实测

GYW 钻孔应力传感器主要用于井下煤、岩层应力测试，由传感器、变送器、接线盒组成，相互之间用 MHYV1 ×4 的通信电缆连接，如图 4-7 所示。应力计受力产生变形，变形数值可以变为电压信号，并由变送器转换为 RS485 通信信号与上级分站通信。这里需要说明的是：GYW 钻孔应力传感器并未采用胶结剂与煤岩体耦合，因此所测数值为应力变化值。

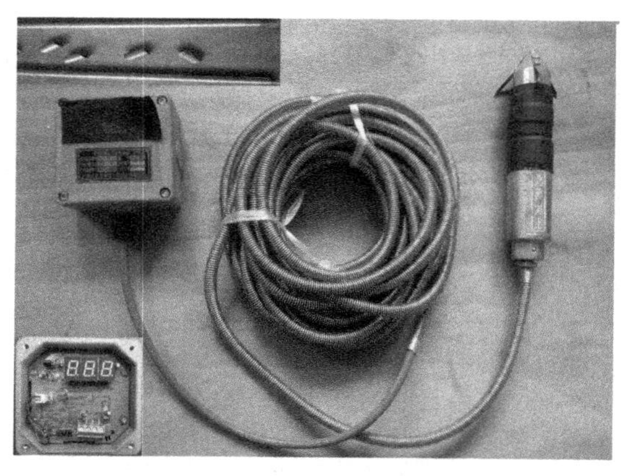

图 4-7　GYW 钻孔应力传感器

在采煤工作面前方实施$\phi$42 mm 应力测试钻孔 2 个，孔深分别为 5 m、7 m，间距 4 m，用配套输送杆将钻孔应力传感器推入钻孔。钻孔应力随工作面推进过程的变化如图 4-8 所示。应力传感器数值稳定后，1#和 2#钻孔应力读数分别为 0.7 MPa、0.6 MPa。随着采煤工作面的推进，读数开始不断增大，由原始应力区进入支承压力区。随着采煤工作面的推进，应力达到峰值。随后应力持续减小，分别在距采煤工作面 3 ~ 5 m、4.2 ~ 5.8 m 时卸压，由支承压力区进入卸压区，卸压区宽度平均为 4.5 m，与理论计算结果相吻合。

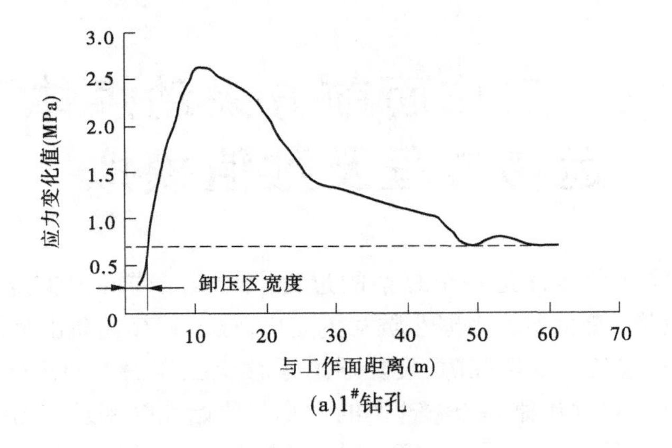

(a)1#钻孔

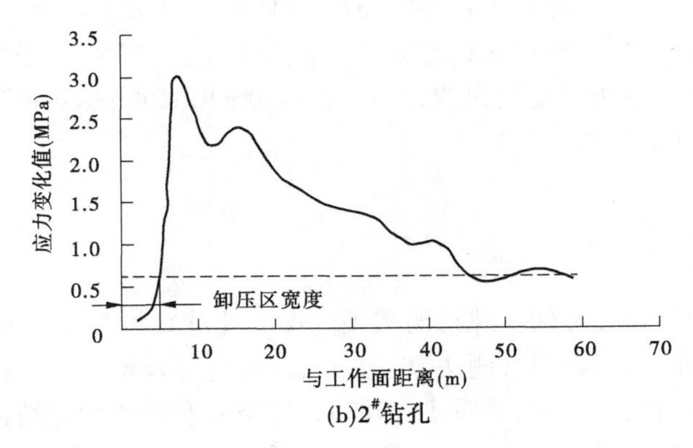

(b)2#钻孔

**图4-8　钻孔应力随工作面推进变化曲线**[162]

## 4.5　本章小结

(1)在极限平衡区及卸压区宽度计算上,一些学者取得了值得借鉴的公式,但实践证明,当距离工作面较近时,瓦斯压力参与了工作面前方煤体的破坏,对卸压区宽度影响较大,原有的计算公式并未体现。本书根据卸压区水平方向的应力平衡方程,结合Mohr－Coulomb准则,推导了包含孔隙瓦斯压力的卸压区宽度计算公式。

(2)卸压区宽度的影响因素较多,其中煤层开采深度越深、厚度越厚,卸压区宽度越大,煤的黏聚力和内摩擦角越大,卸压区宽度越小。瓦斯压力在水平方向对卸压区影响较大,有促进作用,当瓦斯压力较小时,随瓦斯压力的增大卸压区增加幅度较慢;当瓦斯压力较大时,随瓦斯压力的增大卸压区增加幅度较快。Biot系数对卸压区宽度影响较小,可以忽略。

(3)根据某矿N2105工作面相关参数值,试算得到采煤工作面前方卸压区宽度理论计算值为4.7 m。通过在N2105采煤工作面前方布置GYW钻孔应力传感器,得到N2105采煤工作面前方卸压区宽度实测值为4.5 m,与理论计算值基本吻合。

# 第 5 章　工作面前方采动煤体瓦斯运移方程及数值模拟

采动影响下煤体瓦斯运移是一个复杂的过程。采煤工作面前方煤体受应力变化控制，应变导致煤体变形，继而煤的物理性质发生变化，煤体赋存瓦斯由吸附变为游离状态，游离瓦斯通过扩散—渗流过程经孔隙、裂隙通道运移至工作面。而煤体孔隙率与渗透率决定瓦斯运移的难易，同时孔隙率与渗透率的大小与原始孔隙率及应力—应变过程相关。由于工作面前方煤体卸压区瓦斯运移的复杂性，COMSOL Multiphysics 软件为模拟采煤工作面前方煤体变形—瓦斯运移变化过程提供了有力工具。本章探讨采煤工作面前方煤体变形过程中的孔隙率、渗透率变化过程，并通过 COMSOL Multiphysics 软件模拟采煤工作面前方煤体变形—瓦斯运移变化过程。

## 5.1　概　述

首先，煤体瓦斯运移与煤的孔隙结构相关。煤的孔隙结构与煤的组分和单元体类型有关。从宏观上研究，采用肉眼观测法，煤的宏观组分包括丝炭、亮煤、镜煤、暗煤几种，主要有粒状、带状、均一状、线理状、木质状、凸镜状、纤维状和叶片状等结构；从微观上研究，采用显微镜来观测，煤的微观组分包括惰质组、壳质组、镜质组几种。沉积植物经历了成煤作用过程各种组分在各种环境下演变，造成煤的孔隙特征在显微组分上的千差万别。其中，镜质组的微小孔隙更为发育，尤其是基质镜质体。由于镜煤和亮煤中的镜质组成分多，因此两者的微小孔隙占较大比例；惰质组、壳质组、镜质组之间的粒间孔以及植物残余组织孔较大。壳质组在煤的变质作用过程中变化不大，因而大孔和中孔在壳质组暗煤中的数量更多。煤中的中孔和大孔越多，孔隙率越大，渗透性越好[163]。

有关多孔介质孔隙率，前人做了不少研究。文献[164]建立了包含初始孔隙率、静水压力和体积应变的孔隙率计算公式，并基于单轴压缩试验，得到孔隙率在压缩过程中先减小后增大的规律。文献[165]通过不同应力水平下的砂岩反复压缩试验，并测试不同应力水平下的孔隙率，得出孔隙率随应力呈幂函数变化的规律。文献[166]研究了混凝土孔隙率在压缩过程中的变化规律，认为考虑和不考虑孔隙率两种情况下混凝土的力学性质有所变化。文献[167]通过蠕变试验，研究饱和水石灰岩的孔隙率及孔隙率变化率的动态规律，通过回归分析得到孔隙率与应力和初始孔隙率的关系。文献[168]把体积应变看作孔隙率的函数，建立了等温状态下的孔隙率动态变化模型。文献[169]认为孔隙率变化影响渗透率变化，且变化过程较为一致，随应力变化都呈现出先减小后增大的趋势。

煤层瓦斯渗流与煤体变形具有相关性。煤炭的开采引起工作面前方煤体应力的重新分布，应力的变化引起煤体多孔介质的变形；而煤体多孔介质的变形引起煤的孔隙体积的变化，从而导致煤的孔隙率、煤体孔隙压缩系数的变化，继而导致煤层渗透率的变化，采煤工作面前方瓦斯渗流与煤体变形是一个动态统一系统。因此，在数值模拟的时候，既要对瓦斯的运移过程进行模拟，又要考虑煤体体积应变的影响，体现它们之间的动态变化关系。

## 5.2　孔隙率动态变化模型

煤体的孔隙率随工作面前方应力的变化而变化。煤单元体的受力变形与其单元体类型和胶结状态有关。煤的单元体类型以线状、面状和粒状为主。在应力作用下，粒状单元体最容易发生变形，煤单元体的变形还与胶结状态、接触关系和排列方式有关。由岩石学相关理论，胶结分为孔隙胶结、镶嵌胶结、接触胶结和基底胶结。胶结作用增强了煤单元体之间的稳定性，胶结类型对单元体的弹塑性变形影响较大。另外，颗粒间的排列方式和颗粒间的接触关系对孔隙率及变形也有一定影响，颗粒较为松散的排列方式(如立方体形式)孔隙率大，容易发生变形；而较紧密排列形式(如菱形方式)孔隙率小；颗粒间的点状接触关系非常不稳定，而缝合接触、凹凸接触和线接触在应力作用下更稳定。

在煤体不受采动影响的情况下，其孔隙率为原始孔隙率，为一恒定值，可以通过压汞等方法测试煤的孔隙率。由于受采动影响，煤体发生复杂的应力应变过程，煤体的物理力学性质也随之发生变化，其孔隙率不再是恒定值，煤体的孔隙率变化过程是一个随应力应变发生变化的动态过程。

体积应变 $\varepsilon_V$ 是外观总体积的变化值 $\Delta V_b$ 与原外观总体积 $V_b$ 比值，其表达式为

$$\varepsilon_V = \frac{\Delta V_b}{V_b} \tag{5-1}$$

在三维空间，体积应变为

$$\varepsilon_V = \varepsilon_x + \varepsilon_y + \varepsilon_z \tag{5-2}$$

孔隙率 $e$ 表达式为

$$e = \frac{V_b - V_s}{V_b} \tag{5-3}$$

式中，$V_s$ 为基质体积。

在受应力影响较小的工程中，研究气固耦合时，由于基质变形较小，常常忽略基质变形的影响。部分学者考虑了基质变形对总体积的影响，文献[168]认为在油藏工程中，基质的膨胀变形由温度效应引起；文献[170]认为在钻孔瓦斯抽采过程中，煤基质的变形主要由孔隙瓦斯压力造成。而在研究采煤过程中采煤工作面前方煤体变形及瓦斯运移时，工作面前方支承应力变化较大，出现应力集中现象，煤体基质变形明显，不得不考虑煤基质体积变化。煤体受采动影响，打破原来的平衡状态，应力发生变化，引起一定的体积应变，孔隙率也随之发生变化。

体积变化后新的孔隙率为

$$\begin{aligned} e &= \frac{(V_{b0} + \Delta V_b) - (V_{s0} + \Delta V_s)}{V_{b0} + \Delta V_b} \\ &= 1 - \frac{V_{s0} + \Delta V_s}{V_{b0} + \Delta V_b} \end{aligned}$$

$$= 1 - \frac{V_{s0}(1 + \Delta V_s/V_s)}{V_{b0}(1 + \Delta V_b/V_b)} \tag{5-4}$$

式中，$V_{b0}$为煤体初始外观总体积；$V_{s0}$为煤体初始基质体积。

因为

$$\frac{V_{s0}}{V_{b0}} = 1 - \frac{V_{b0} - V_{s0}}{V_{b0}} = 1 - e_0 \tag{5-5}$$

式中，$e_0$为初始孔隙率。

结合孔隙率定义得

$$e = 1 - \frac{1 - e_0}{1 + \varepsilon_v}(1 + \frac{\Delta V_s}{V_s}) \tag{5-6}$$

基质体积变化 $\Delta V_s$ 由瓦斯压力引起的变形 $\Delta V_{sp}$ 和瓦斯吸附膨胀引起的变形 $\Delta V_{sf}$ 组成，见式(5-7)，瓦斯压力和吸附膨胀引起的变形分别用式(5-8)和式(5-9)表示

$$\frac{\Delta V_s}{V_{s0}} = \frac{\Delta V_{sp} + \Delta V_{sf}}{V_{s0}} \tag{5-7}$$

$$\frac{\Delta V_{sp}}{V_{s0}} = K_Y \Delta p = K_Y(p - p_0) \tag{5-8}$$

$$\frac{\Delta V_{sf}}{V_{s0}} = \frac{2a\rho_s RTK_Y}{9V_{\mathrm{mol}}(1 - \varphi_0)}[\ln(1 + bp) - \ln(1 + bp_0)] \tag{5-9}$$

式中，$\Delta V_{sp}$为瓦斯压力引起的煤体体积变化；$\Delta V_{sf}$为吸附膨胀引起的煤体体积变化；$a$、$b$ 为吸附常数；$K_Y$为压缩系数；$V_{\mathrm{mol}}$为摩尔容积，数值为 $22.4 \times 10^{-3}\ \mathrm{m^3/mol}$；$\rho_s$为煤的视密度；$R$ 为通用气体常数；$T$ 为绝对温度。

因此，孔隙率为

$$e = 1 - \frac{1 - \varphi_0}{1 + \varepsilon_v}\left\{1 + K_Y(p - p_0) + \frac{2a\rho_s RTK_Y}{9V_{\mathrm{mol}}(1 - \varphi_0)}[\ln(1 + bp) - \ln(1 + bp_0)]\right\} \tag{5-10}$$

煤吸附膨胀应变用 $\varepsilon_p$表示

$$\varepsilon_p = \frac{2a\rho_s RTK_Y}{9V_{\mathrm{mol}}}[\ln(1 + bp) - \ln(1 + bp_0)] \tag{5-11}$$

则孔隙率动态变化方程可进一步表示为

$$e = 1 - \frac{1 - e_0}{1 + \varepsilon_v}\left[1 + K_Y(p - p_0) + \frac{\varepsilon_p}{(1 - e_0)}\right] \tag{5-12}$$

文献[168]、[171]、[172]分别对上述孔隙率动态模型进行验证，预测准确度较高。

## 5.3 渗透率动态变化模型

有关渗透率变化模型，前人已做了不少研究。文献[168]基于 Kozeny - Carman(康采尼 - 卡曼)方程，并以体积应变作为变量，推导了包含体积应变和孔隙率的渗透率变化方程，由于体积应变隐含了煤体孔隙率变化、瓦斯渗流及力学特性的综合影响，且体积应变

既适用弹性过程又适用塑性过程，因此适用范围较广。文献[173]得到与文献[168]相似的渗透率模型，并采用C语言编写计算程序对煤壁瓦斯渗流进行数值模拟。文献[171]推导了采煤工作面前方煤体压缩过程中(无扩容)的渗透率变化方程，方程用有效应力和压缩系数替代体积应变，这种替代在弹性压缩过程中适用，当煤体发生扩容破坏时，体积应变参数更符合实际情况。文献[170]把体积应变和瓦斯压力作为变量建立了钻孔周围煤体渗透率变化方程。方程假设单位体积煤体的颗粒表面积不变，但在大变形及煤体破坏过程中，煤体的颗粒表面积影响不能忽略。文献[172]考虑了温度效应、吸附膨胀效应和压缩对变形的影响，把孔隙率变化方程融入到有效应力方程，并基于有效应力方程和孔隙率方程推导出渗透率变化方程，从总体上看，方程为负指数形式。

根据Bear[174](1972)定义，$M_b$为多孔介质材料单位体积的孔隙表面积，形式如下

$$M_b = \frac{A_s}{V_b} \tag{5-13}$$

式中，$A_s$为孔隙表面积。

设$M_V$为单位孔隙体积的孔隙表面积，其定义表达式为

$$M_V = \frac{A_s}{V_p} \tag{5-14}$$

式中，$V_p$为孔隙体积。

定义煤体单位基质(骨架)体积的孔隙表面积为$M_s$，表达式为

$$M_s = \frac{A_s}{V_s} \tag{5-15}$$

根据公式

$$1 - e = \frac{V_s}{V_b} \tag{5-16}$$

则煤体单位体积的孔隙表面积可用孔隙率和$M_s$表示

$$M_b = \frac{A_s}{V_b} = \frac{A_s(1-e)}{V_s} = (1-e)M_s \tag{5-17}$$

在多孔介质渗透率的研究中，Kozeny[175](1927)首先提出多孔介质的渗透率$k$是孔隙率$e$的函数，形式如下

$$k = F(e) \tag{5-18}$$

通常所说的Kozeny方程是基于毛细管束模型，是根据孔隙率、表面积提出的，表达式为

$$k = \frac{e^3}{k_z M_b^2} \tag{5-19}$$

由$M_b = (1-e)M_s$，则式(5-19)可写为

$$k = \frac{e^3}{k_z(1-e)^2 M_s^2} \tag{5-20}$$

Carman[176]采用式(5-20)，并取$k_z$值为5，式(5-20)即为著名的Kozeny－Carman方程，即初始渗透率$k_0$为

$$k_0 = \frac{e_0^3}{k_z(1 - e_0)^2 M_{s0}^2} \tag{5-21}$$

其中煤体初始单位基质(骨架)体积的孔隙表面积为 $M_{s0}$,用 $A_{s0}$ 和 $V_{s0}$ 表示,形式如下

$$M_{s0} = \frac{A_{s0}}{V_{s0}} \tag{5-22}$$

表面积的增量可以用一个系数 $\beta_s$ 来表示

$$M_s = M_{s0}(1 + \beta_s) \tag{5-23}$$

则

$$\frac{k}{k_0} = \frac{\dfrac{e^3}{k_z(1 - e)^2 M_s^2}}{\dfrac{e_0^3}{k_z(1 - e_0)^2 M_{s0}^2}} = \frac{e^3(1 - e_0)^2}{e_0^3(1 - e)^2}\frac{M_{s0}^2}{M_s^2} \tag{5-24}$$

由 $M_s = M_{s0}(1 + \beta_s)$ ,式(5-24)可写为

$$\frac{k}{k_0} = \frac{e^3(1 - e_0)^2}{(1 + \beta_s)^2 e_0^3(1 - e)^2} \tag{5-25}$$

根据孔隙率动态方程,式(5-25)可写为

$$\frac{k}{k_0} = \frac{\left\{1 - \dfrac{1 - e_0}{1 + \varepsilon_v}\left[1 + K_Y(p - p_0) + \dfrac{\varepsilon_p}{(1 - e_0)}\right]\right\}^3 (1 - e_0)^2}{(1 + \beta_s)^2 e_0^3\left\{\dfrac{1 - e_0}{1 + \varepsilon_v}\left[1 + K_Y(p - p_0) + \dfrac{\varepsilon_p}{(1 - e_0)}\right]\right\}^2} \tag{5-26}$$

在微变形和孔隙率较小的情况下,有 $1 - e_0 \approx 1, 1 + \beta_s \approx 1, 1 - e \approx 1$,则式(5-26)简化为

$$\frac{k}{k_0} = \frac{\left\{1 - \dfrac{1 - e_0}{1 + \varepsilon_v}\left[1 + K_Y(p - p_0) + \dfrac{\varepsilon_p}{(1 - e_0)}\right]\right\}^3}{e_0^3} \tag{5-27}$$

式(5-27)有两个变量:体积应变和瓦斯压力。根据体积应变增量的定义,式(5-27)含义有以下过程

$$\begin{cases} \varepsilon_v^p > 0 & (压缩阶段) \\ \varepsilon_v^p = 0 & (扩容边界) \\ \varepsilon_v^p < 0 & (扩容阶段) \end{cases} \tag{5-28}$$

在采煤工作面推进过程中,工作面前方较远处受采动影响较小,以线弹性变形为主,在孔隙率较小的情况下,可以应用简化公式。随着采煤工作面的推进,煤壁前方垂直应力不断增加,变形逐渐增大,煤体由弹性阶段逐渐过渡为扩容阶段,继而在采煤工作面前方出现卸压区,在此区域内由于煤体的物理性质发生变化,孔隙率大大增加,此时在计算渗透率时就不能忽略孔隙率和孔隙表面积的变化。

## 5.4　工作面前方煤体渗流场方程

在采煤过程中,工作面前方煤体瓦斯运移遵循质量守恒定律,根据质量守恒定律,瓦

斯流动连续性方程为

$$\frac{\partial M}{\partial t} + \nabla \cdot (\rho \cdot v) = 0 \tag{5-29}$$

式中，$M$ 为每立方米煤体的瓦斯质量；$\rho$ 为瓦斯气体密度；$v$ 为瓦斯运移速度；$t$ 为时间。

理想条件下，瓦斯压力和瓦斯密度关系表达式为

$$\rho = \beta p \tag{5-30}$$

式中，$\beta$ 为气体压缩系数；$p$ 为瓦斯压力。

其中压缩系数表示为

$$\beta = \frac{M_g}{RT} \tag{5-31}$$

式中，$M_g$为相对分子质量；$R$ 为理想状态下的气体常数；$T$ 为温度。

瓦斯含量 $M$ 由吸附瓦斯 $M_x$与游离瓦斯 $M_y$组成

$$\frac{\partial M}{\partial t} = \frac{\partial M_x}{\partial t} + \frac{\partial M_y}{\partial t} \tag{5-32}$$

其中，游离瓦斯可用密度 $\rho$ 和孔隙率 $e$ 表示

$$M_y = \rho e \tag{5-33}$$

则

$$\frac{\partial M_y}{\partial t} = \beta\left(p\frac{\partial e}{\partial t} + e\frac{\partial p}{\partial t}\right) \tag{5-34}$$

根据孔隙率动态模型，并忽略瓦斯对孔隙率的影响，得

$$\frac{\partial M_y}{\partial t} = \beta\left[\frac{p(1 - e_0)}{(1 + \varepsilon_v)^2}\frac{\partial \varepsilon_v}{\partial t} + \left(1 - \frac{1 - e_0}{1 + \varepsilon_v}\right)\frac{\partial p}{\partial t}\right] \tag{5-35}$$

根据朗格缪尔方程，考虑灰分、水分、挥发分的煤吸附瓦斯方程为

$$\begin{cases} M_x = \dfrac{abcp\rho_n}{1 + bp} = \dfrac{abcp\beta p_n}{1 + bp} \\ c = \rho_s\left[\dfrac{1}{1 + 0.147e^{0.022V_{ad}}M_{ad}}e^{n(T_s - T)}\right]\dfrac{100 - M_{ad} - A_{ad}}{100} \\ n = \dfrac{0.02}{0.993 + 0.07p} \end{cases} \tag{5-36}$$

式中，$a$、$b$ 为吸附常数；$c$ 为校正系数；$\rho_n$、$\rho_s$分别为标准大气压下的瓦斯密度和煤体的密度；$T_s$、$T$ 分别为吸附试验温度和井下煤体温度；$M_{ad}$、$V_{ad}$、$A_{ad}$分别为煤的水分、灰分、挥发分；$n$ 为系数；$p_n$为标准状态时的瓦斯压力，$p_n = 0.103\,25$ MPa。

则

$$\frac{\partial M_x}{\partial t} = \frac{abc\rho_n}{1 + bp}\frac{\partial p}{\partial t} - \frac{abc\rho_n p}{(1 + bp)^2}\frac{\partial p}{\partial t} \tag{5-37}$$

由此可得

$$\frac{\partial M}{\partial t} = \beta\left[\frac{p(1 - e_0)}{(1 + \varepsilon_v)^2}\frac{\partial \varepsilon_v}{\partial t} + \left(1 - \frac{1 - e_0}{1 + \varepsilon_v}\right)\frac{\partial p}{\partial t}\right] + \frac{abc\rho_n}{1 + bp}\frac{\partial p}{\partial t} - \frac{abc\rho_n p}{(1 + bp)^2}\frac{\partial p}{\partial t} \tag{5-38}$$

工作面前方煤层瓦斯运移遵循 Darcy 定律

$$v = -\frac{K}{\mu} \cdot \nabla p \tag{5-39}$$

代入连续性方程可得

$$\frac{p(1-e_0)}{(1+\varepsilon_v)^2}\frac{\partial \varepsilon_v}{\partial t} + (1 - \frac{1-e_0}{1+\varepsilon_v})\frac{\partial p}{\partial t} + \frac{abc\rho_n}{1+bp}\frac{\partial p}{\partial t} - \frac{abc\rho_n p}{(1+bp)^2}\frac{\partial p}{\partial t} = \nabla(\frac{K}{\mu} \cdot \nabla p^2) \tag{5-40}$$

由此可得工作面前方煤体的煤体变形—瓦斯运移模型

$$\begin{cases} \dfrac{p(1-e_0)}{(1+\varepsilon_v)^2}\dfrac{\partial \varepsilon_v}{\partial t} + (1 - \dfrac{1-e_0}{1+\varepsilon_v})\dfrac{\partial p}{\partial t} + \dfrac{abc\rho_n}{1+bp}\dfrac{\partial p}{\partial t} - \dfrac{abc\rho_n p}{(1+bp)^2}\dfrac{\partial p}{\partial t} = \nabla(\dfrac{K}{\mu} \cdot \nabla p^2) \\ \dfrac{K}{K_0} = \dfrac{\left\{1 - \dfrac{1-e_0}{1+\varepsilon_v}\left[1 + K_Y(p-p_0) + \dfrac{\varepsilon_p}{(1-e_0)}\right]\right\}^3 (1-e_0)^2}{(1+\beta_s)^2 e_0^3 \left\{\dfrac{1-e_0}{1+\varepsilon_v}\left[1 + K_Y(p-p_0) + \dfrac{\varepsilon_p}{(1-e_0)}\right]\right\}^2} \end{cases} \tag{5-41}$$

## 5.5 工作面前方煤体应力—渗流数值模拟

### 5.5.1 COMSOL Multiphysics 的 PDE 模式

COMSOL Multiphysics 是一款包含声学、地球物理、结构力学、PDE 自定义等多个模块的物理场耦合软件，相关文献对 COMSOL Multiphysics 各个模块有较为详尽的介绍，在此不再赘述。COMSOL Multiphysics 基本操作流程包括：①打开 COMSOL Multiphysics 软件，根据本次模拟所用到的偏微分方程组，选择合理的模式，若为自定义方程，则需添加 PDE 模式；②根据模拟对象确定模型尺寸大小；③根据预先设定好的几何参数利用工具条菜单建立几何模型；④设定模拟区域的边界条件和物理参数，模拟区域包含多个子域的情况下应分别对每个子域设定不同的物理参数；⑤划分网格，若对求解精确度要求较高，则需要对网格进行细化；⑥求解，求解菜单下可以选择数值模拟的静态解或瞬态解，并可以对时间长度和时间间隔进行设定；⑦后处理，根据求解结果，分析不同物理变量间的关系和规律，可得到相应的云图和曲线图。

由于孔隙率及渗透率变化方程需要通过 COMSOL Multiphysics 的 PDE 相关方程实现，仅对 COMSOL Multiphysics 的 PDE 模式进行相关介绍。PDE 模块主要用于灵活定义偏微分方程，主要有以下三种形式：一是系数形式（Coefficient Form PDE）；二是一般形式（General Form PDE）；三是弱形式（Weak Form PDE）。在三种形式中，系数形式应用较为灵活简单；弱形式最为复杂，但解决问题的能力也最强，应用范围也较广[177]。下面仅介绍本书用到的 PDE 系数形式。

#### 5.5.1.1 单场变量情况

在创建 PDE 模型时，首先打开 COMSOL 软件，在增加物理场中添加 PDE 模式，选择系数形式的 PDE 模式，系数形式顾名思义就是在偏微分项的基础上，通过定义系数来实

现现有物理模型形式，其偏微分方程形式具体为

$$\begin{cases} e_a \dfrac{\partial^2 u}{\partial t^2} + d_a \dfrac{\partial u}{\partial t} + \nabla \cdot (-c\nabla u + au + \gamma) + \beta \cdot \nabla u + \alpha u = f \\ \nabla = \left[\dfrac{\partial}{\partial x}, \dfrac{\partial}{\partial y}\right] \end{cases} \tag{5-42}$$

在系数形式的偏微分方程中，$\alpha$、$\gamma$ 为矢量系数，$e_a$、$d_a$、$c$、$\beta$ 为标量，在物质传递和连续介质力学中，其各项及系数意义如下

$u$——变量；

$e_a \dfrac{\partial^2 u}{\partial t^2}$——惯性力；

$e_a$——质量系数；

$d_a \dfrac{\partial u}{\partial t}$——表示和速度成正比的阻尼力；

$d_a$——阻尼系数；

$\nabla \cdot (-c\nabla u + au + \gamma)$——保守通量（传质方程）；

$-c\nabla u$——扩散项；

$c$——扩散系数；

$au$——对流项；

$a$——对流系数

$\alpha u$——吸收项；

$\alpha$——吸收系数；

$\gamma$——源项（保守通量中）；

$f$——质量源。

Dirichlet 边界条件为

$$hu = r \tag{5-43}$$

广义 Neumann 条件为

$$n \cdot (c\nabla u + au - \gamma) + qu = g - h\mu \tag{5-44}$$

式中，$q$ 为吸收系数；$g$ 为边界源；$\mu$ 为拉格朗日乘数。

#### 5.5.1.2　多个变量情况

在现实情况中，物理变量往往不止一个，如在采煤工作面前方煤体渗流与应变耦合方程中，就既要考虑瓦斯压力的变化情况，又要考虑体积应变的变化。以两个变量场为例，与单场情况相似，在不考虑时间的情况下，两个变量 $u_1$、$u_2$ 的稳态 PDE 形式为

$$\begin{cases} \nabla \cdot (-c_{11}\nabla u_1 - c_{12}\nabla u_2 + a_{11}u_1 + a_{12}u_2 + \gamma_1) + \\ \beta_{11} \cdot \nabla u_1 + \beta_{12} \cdot \nabla u_2 + \alpha_{11}u_1 + \alpha_{12}u_2 = f_1 \\ \nabla \cdot (-c_{21}\nabla u_1 - c_{22}\nabla u_2 + a_{21}u_1 + a_{22}u_2 + \gamma_2) + \\ \beta_{21} \cdot \nabla u_1 + \beta_{22} \cdot \nabla u_2 + \alpha_{21}u_1 + \alpha_{22}u_2 = f_2 \end{cases} \tag{5-45}$$

式中，各项系数意义同前。

Dirichlet 边界条件为

$$\begin{cases} h_{11}u_1 + h_{12}u_2 = r_1 \\ h_{21}u_1 + h_{22}u_2 = r_2 \end{cases} \tag{5-46}$$

广义 Neumann 条件为

$$\begin{cases} n \cdot (c_{11}\nabla u_1 + c_{12}\nabla u_2 + a_{11}u_1 + a_{12}u_2 - \gamma_1) + q_{11}u_1 + q_{12}u_2 = g_1 - h_{11}\mu_1 - h_{12}\mu_2 \\ n \cdot (c_{21}\nabla u_1 + c_{22}\nabla u_2 + a_{21}u_1 + a_{22}u_2 - \gamma_2) + q_{21}u_1 + q_{22}u_2 = g_2 - h_{21}\mu_1 - h_{22}\mu_2 \end{cases} \tag{5-47}$$

## 5.5.2　工程地质情况

### 5.5.2.1　煤层赋存特征

3#煤层为陆相湖泊沉积,赋存于二叠系山西组中下部,结合屯补－3 号、屯补－10 号、屯补－15 号钻孔煤层结构及巷道掘进时具体情况,煤层厚度稳定,煤层局部含 0.1～0.7 m 炭质泥岩夹矸。煤为优质动力煤,高发热量、低磷、中灰、特低硫、热稳定性好,煤质状况见表 5-1。

**表 5-1　煤质状况**

| 元素 | M | A | V | C | H | O | N | 工业牌号 |
|---|---|---|---|---|---|---|---|---|
| 百分含量 | 0.71 | 10.11 | 12.01 | 90.91 | 3.94 | 2.54 | 1.44 | PM |

煤层普氏硬度见表 5-2。

**表 5-2　煤层普氏硬度**

| 名称 | 煤层 | 夹矸 | 直接顶 | 直接底 |
|---|---|---|---|---|
| 普氏硬度(f) | 1～3 | 2.4 | 2.5 | 2.5 |

### 5.5.2.2　地质构造情况

N2105 工作面对应地表上方为山区,冲沟发育,工作面由西向东 3 号煤层整体近似为一单斜构造,平均坡度＋5°,东高西低。根据现有三维地震资料及工作面顺槽实际掘进揭露,N2105 工作面回采区域内不发育铅直断距大于 3.5 m 的断层和直径超过 20 m 的陷落柱。根据《N2105 工作面坑透报告》、N2105 工作面实际掘进揭露情况,在工作面回采区域内共有 3 处坑透异常区,2 条疑似断层和 F123、F156、F127、F132、F165、F135、F136、F167 等 8 条断层及 4 处厚夹矸、8 处石包、2 处破底区共计 27 处地质异常区域。现将 27 处地质异常区域分类如下:

1. 坑透异常区

1#异常区距切眼 100～200 m,结合瓦斯抽采平行孔资料,推测该处可能发育小型断层或该处煤体破碎裂隙发育。

2#异常区距切眼 360～460 m,推断该区域可能存在小断层或顶板破碎带。

3#异常区距切眼 1 750～1 840 m,推断该区域可能存在小断层或顶板破碎带。

2. 地质构造

N2105 工作面有 2 条疑似断层为坑透成果。构造特征见表 5-3。

表 5-3　构造特征

| 断层 | 走向 | 倾角 | 性质 | 断距 | 对回采的影响 |
|---|---|---|---|---|---|
| 1#疑似断层 | 270° | 不详 | 不详 | 不详 | 回采里程 320 ~ 360 m |
| 2#疑似断层 | 110° | 不详 | 不详 | 不详 | 回采里程 890 ~ 930 m |
| F132 | 124° | 70° | 不详 | 0 ~ 3 m | 回采里程 1 614 ~ 1 654 m |
| F135 | 90° | 70° | 不详 | 0 ~ 2 m | 回采里程 1 456 ~ 1 496 m |
| F165 | 90° | 60° | 正 | 0.5 m | 回采里程 1 456 ~ 1 496 m |
| F136 | 90° | 70° | 不详 | 0 ~ 2 m | 回采里程 1 380 ~ 1 420 m |
| F167 | 31° | 80° | 正 | 0.9 m | 回采里程 970 ~ 1 010 m |
| F156 | 143° | 59° | 正 | 3.9 m | 回采里程 1 768 ~ 1 888 m |
| F123 | 72° | 51° | 正 | 3.7 m | 回采里程 1 814 ~ 1 864 m |
| F127 | 90° | 68° | 正 | 1.3 m | 回采里程 1 614 ~ 1 654 m |

3. 厚夹矸、石包、破底区

在回风顺槽掘进过程中共揭露厚泥岩夹矸 3 处，厚度 0.1 ~ 0.7 m，5 处石包、2 处破底区；在胶带顺槽掘进过程中共揭露厚泥岩夹矸 1 处，厚度 0.1 ~ 0.2 m，3 处石包。

#### 5.5.2.3　围岩及其特征

围岩及其特征见表 5-4。

表 5-4　围岩及其特征

| 顶板名称 | 岩石名称 | 厚度(m) | 岩石描述 |
|---|---|---|---|
| 老顶 | 细粒砂岩 | 10.25 ~ 11.37 | 淡灰色，长石、石英砂岩，小交错层理，夹泥岩及粉砂岩条带，层面略污手，含少量云母碎面，局部具方解石裂隙 |
| 直接顶 | 泥岩 | 0.9 ~ 2.74 | 灰色，块状，含少量云母碎片 |
| 直接底 | 泥岩 | 1.15 ~ 2.95 | 深灰色，中下部夹有 0.25 m 厚的细砂岩薄层 |
| 老底 | 粉砂岩 | 3.16 ~ 7.43 | 深灰色，夹泥岩条带 |

### 5.5.3　数值模拟相关参数及模拟过程

#### 5.5.3.1　数值模拟参数

煤岩层数值模拟参数如表 5-5 所示。

表 5-5　煤岩层参数[161]

| 层序 | 岩性 | 层厚(m) | 密度($kg/m^3$) | 泊松比 | 抗压强度(MPa) | 弹性模量(GPa) | 黏聚力(MPa) | 内摩擦角(°) |
|---|---|---|---|---|---|---|---|---|
| 15(距地表515.6 m) | | | | | | | | |
| 14 | 砂质泥岩 | 3.2 | 2 690 | 0.22 | 50.5 | 14.5 | 14 | 26 |
| 13 | 粉砂岩 | 16.9 | 2 630 | 0.15 | 22.16 | 39.8 | 18 | 22 |
| 12 | 细粒砂岩 | 1.9 | 2 590 | 0.2 | 86 | 19.1 | 15 | 25 |
| 11 | 砂质泥岩 | 2.1 | 2 690 | 0.22 | 50.5 | 14.5 | 14 | 26 |
| 10 | 粉砂岩 | 2.3 | 2 630 | 0.15 | 22.16 | 39.8 | 18 | 22 |
| 9 | 砂质泥岩 | 3.5 | 2 690 | 0.22 | 50.5 | 14.5 | 14 | 26 |
| 8 | 细粒砂岩 | 0.4 | 2 590 | 0.2 | 86 | 19.1 | 15 | 25 |
| 7 | 粉砂岩 | 2.6 | 2 630 | 0.15 | 22.16 | 39.8 | 18 | 22 |
| 6 | 细粒砂岩 | 4 | 2 590 | 0.2 | 86 | 19.1 | 15 | 25 |
| 5 | 粉砂岩 | 2.6 | 2 630 | 0.15 | 22.16 | 39.8 | 18 | 22 |
| 4 | 泥岩 | 2.62 | 2 680 | 0.25 | 60 | 16 | 7.5 | 30 |
| 3 | 细粒砂岩 | 10.25 | 2 590 | 0.2 | 86 | 19.1 | 15 | 25 |
| 2 | 泥岩 | 0.9 | 2 680 | 0.25 | 60 | 16 | 7.5 | 30 |
| 1 | 3#煤 | 6.31 | 1 390 | 0.3 | 18.6 | 3.5 | 2.4 | 32 |
| 0 | 粉砂岩 | 25 | 2 630 | 0.15 | 22.16 | 39.8 | 18 | 22 |

煤层及瓦斯相关参数如表 5-6 所示。

表 5-6　煤层及瓦斯相关参数[178,179]

| 名称 | 数值 | 单位 | 名称 | 数值 | 单位 |
|---|---|---|---|---|---|
| 埋深 | 550 | m | 瓦斯含量 | 10 | $m^3/t$ |
| 煤层厚度 | 6.31 | m | 动力黏度系数 | $1.08\times10^{-5}$ | Pa · s |
| 采高 | 3 | m | 吸附常数 $a$ | 19.91 | $m^3/t$ |
| 支护阻力 | 0.3 | MPa | 吸附常数 $b$ | 1.09 | $MPa^{-1}$ |
| 瓦斯压力 | 0.75 | MPa | 灰分 | 10.11 | % |
| 孔隙率 | 8.8 | % | 挥发分 | 12.01 | % |
| 气体常数 | 8.314 3 | J/(mol · K) | 水分 | 0.71 | % |
| 气体摩尔体积 | 0.022 4 | $m^3/mol$ | 初始渗透率 | $1.37\times10^{-17}$ | $m^2$ |

#### 5.5.3.2　数值模拟过程

(1)首先打开 COMSOL Multiphsics 数值模拟软件,选择空间维数为 2D,点击下一步,在 Add phsics 菜单中选择 Structural Mechanics(结构力学) – Solid Mechanics(固体力学),选择 Mathematics – PDE Interfaces – Coefficient Form PDE(c),点击下一步,选择研究类型为

Time Dependent(瞬态),点击完成,即完成了对所用模型、模型空间类型、研究类型的添加。

(2)几何模型。本模拟采用二维模型,在几何模型(见图 5-1)中,分别按煤层及各岩层高度创建几何模型,模型共 15 层,其中煤层高度 6.31 m,开采高度 3 m。模型宽度为 100 m,模型高度为 84.58 m。

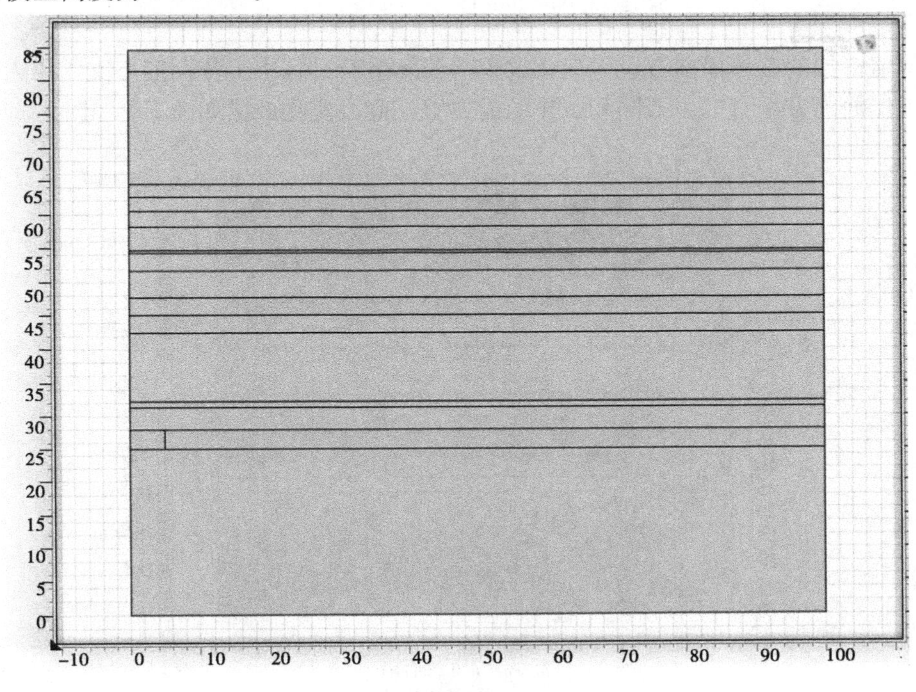


图 5-1　几何模型

(3)参数及变量定义。

全局定义:在全局定义中,分别对初始渗透率、初始孔隙率、初始瓦斯压力及动力黏度系数进行定义。

变量定义:在模型中,孔隙率按孔隙动态变化模型进行定义,渗透率按渗透率变化公式进行定义。

在 Solid Mechanics(固体力学)模块中,首先在设定窗口屈服准则中选择 Mohr – Coulomb 准则,然后对煤层及各岩层杨氏模量、泊松比、密度、黏聚力、内摩擦角进行定义。

在 PDE 模块中,仅选择采煤工作面前方煤体区域,其余各层为未应用状态。对应煤体瓦斯运移方程,结合 PDE 方程,对各项系数进行定义。

(4)边界条件和初始条件。

模型左右边界设置为滚轴边界,底部边界设置为固定边界,其余为自由边界。采煤工作面前方煤体区域初始瓦斯压力为 0.75 MPa,工作面煤壁处瓦斯压力为 101 kPa,其他参数见表 5-6。

(5)网格划分及求解。

采用自由三角形网格划分模式对模型进行网格划分。网格划分完成后,对模型进行求解。

# 5.6 数值模拟结果分析

## 5.6.1 采煤工作面前方煤体应力变化

数值模拟的工作面前方应力变化过程与实际生产过程中工作面前方支承压力变化一致，工作面前方垂直应力云图和工作面前方垂直应力变化曲线如图 5-2 和图 5-3 所示。

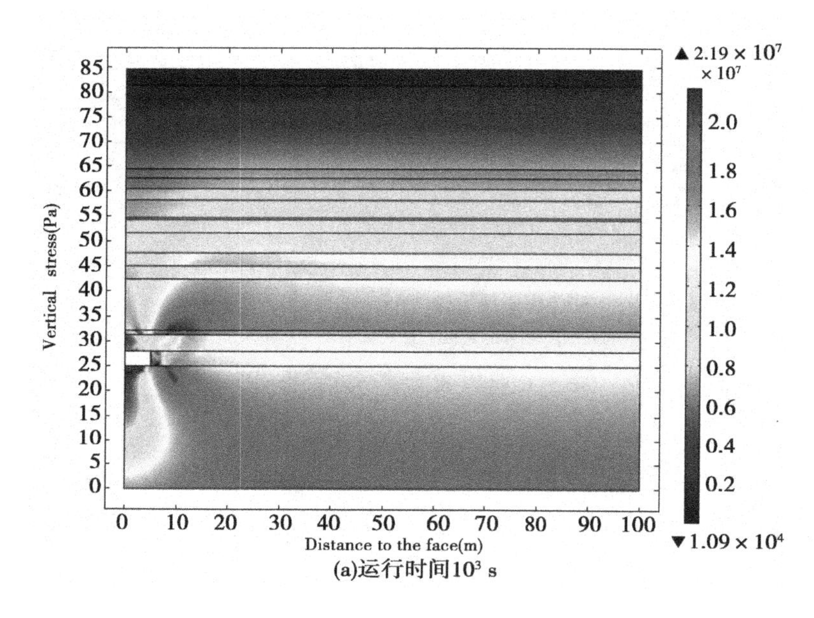


(a)运行时间$10^3$ s

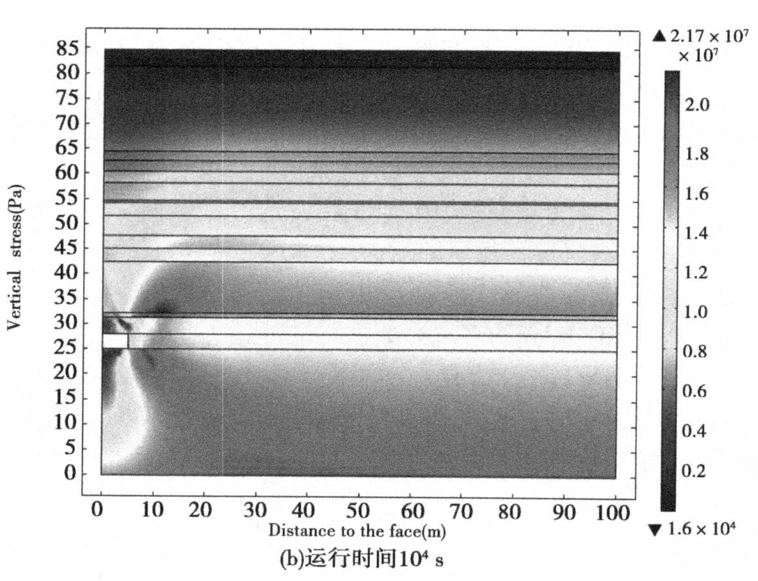


(b)运行时间$10^4$ s

图 5-2 工作面前方垂直应力云图

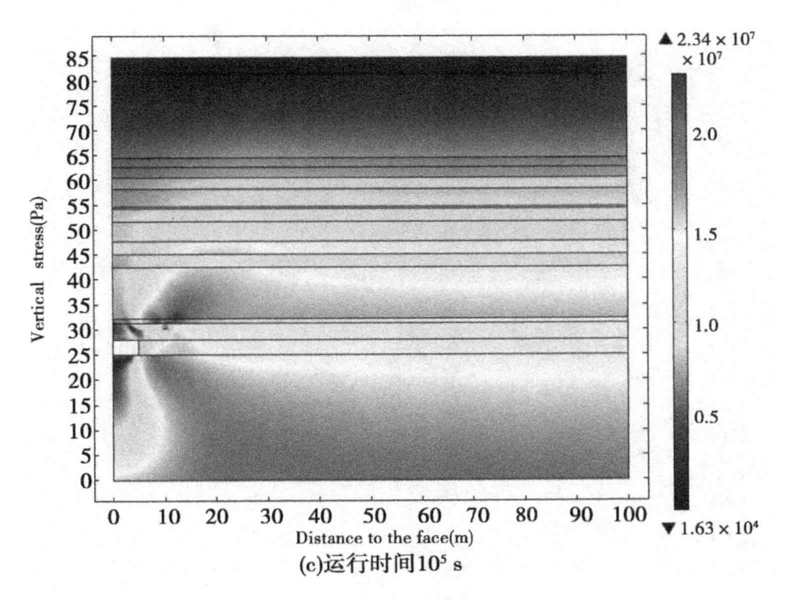

(c)运行时间$10^5$ s

续图 5-2

在工作面前方紧挨煤壁处蓝色区域为卸压区，随运行时间的不断增加，卸压区范围有所扩大，且逐渐趋于稳定，当运行时间为 $10^5$ s 时，模拟范围与理论计算和现场实测较为一致；在工作面前方峰值附近，工作面前方垂直应力表现为增加现象，出现应力集中，此区域也称为支承压力区，由应力云图可以看出，在工作面较远处，煤体不受采动影响，为原岩应力区。

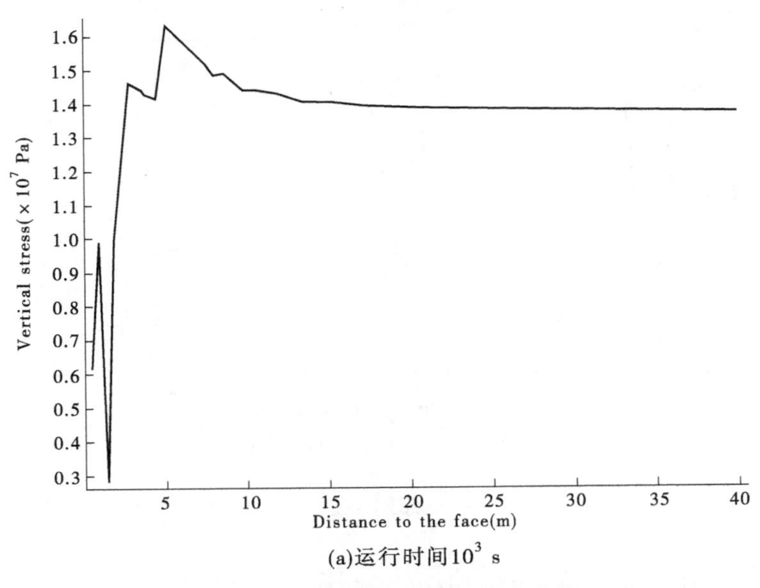

(a)运行时间$10^3$ s

图 5-3　工作面前方垂直应力变化曲线

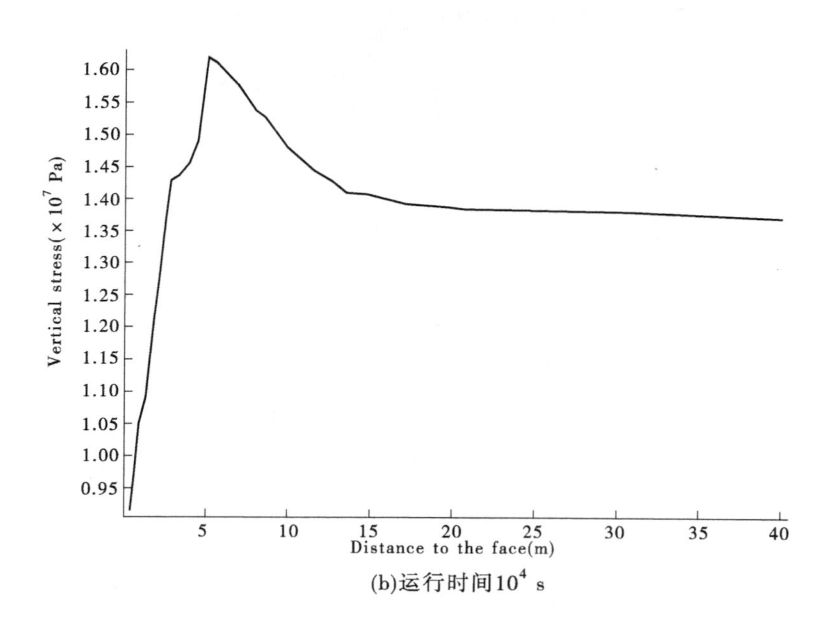


(b)运行时间$10^4$ s

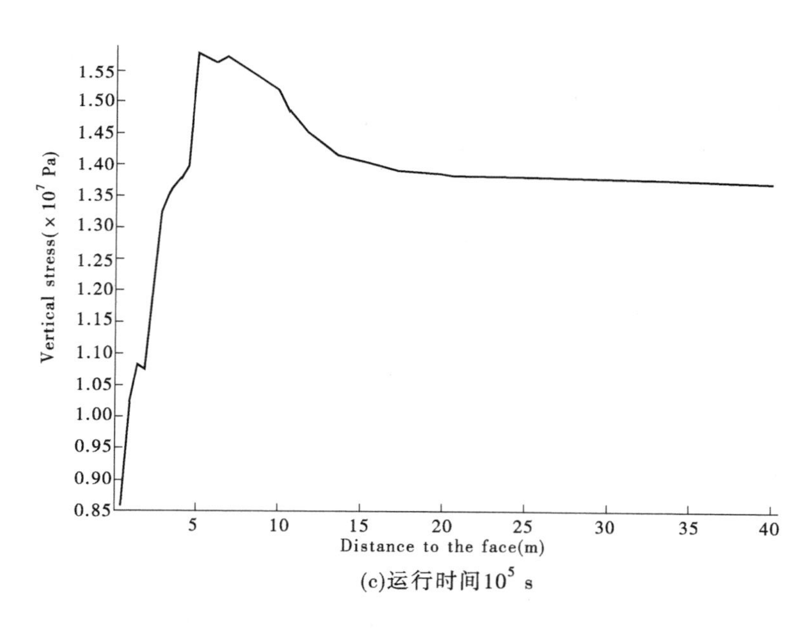


(c)运行时间$10^5$ s

**续图** 5-3

## 5.6.2　采煤工作面前方煤体瓦斯压力变化

受采煤扰动影响，工作面前方煤体裂隙发育，大量瓦斯首先由吸附状态变为游离状态，游离瓦斯经由裂隙通道运移至工作面，使得瓦斯涌出量大大增加，而煤层瓦斯压力有所降低。如图5-4 和图5-5 所示，在煤壁处，煤层瓦斯压力等于采煤工作面大气压，采煤

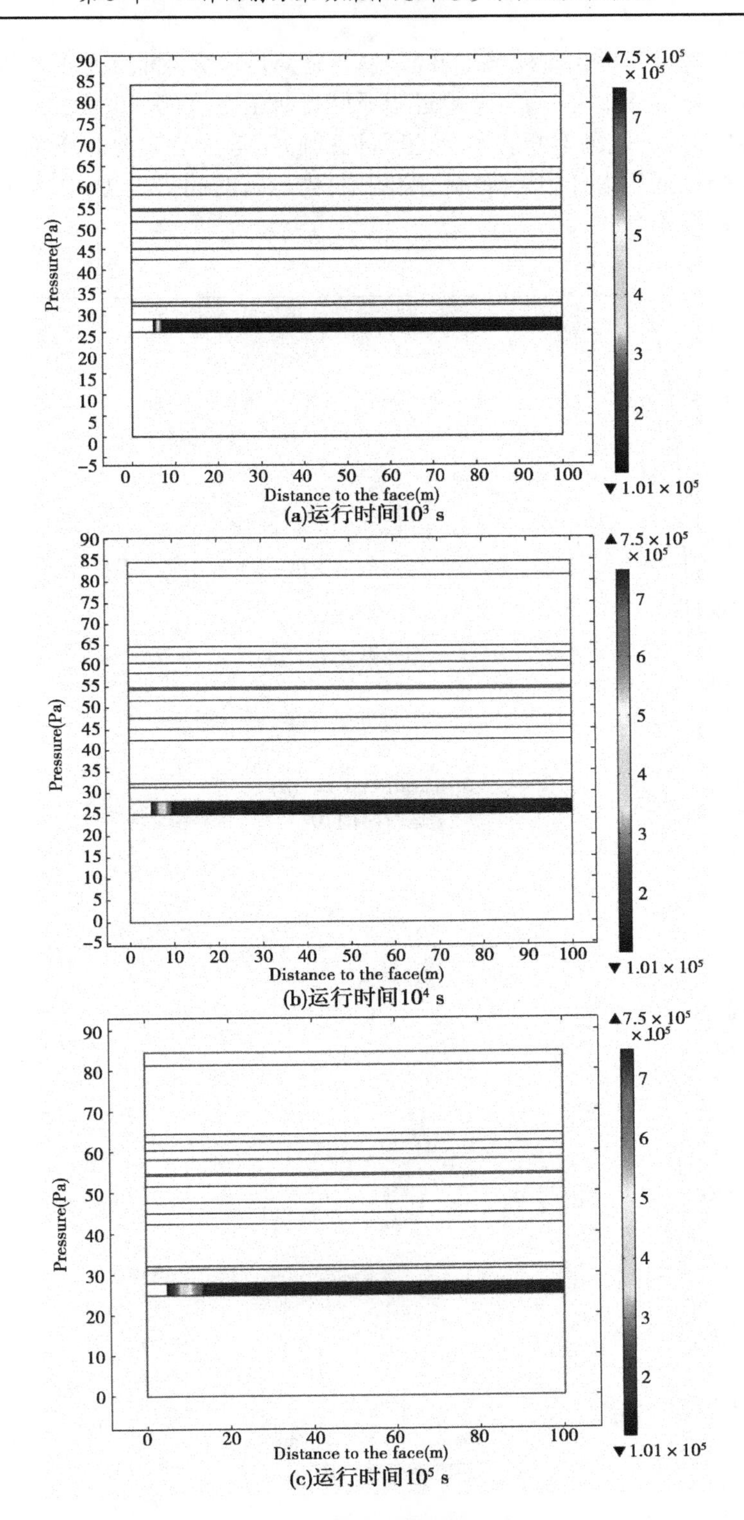


(a)运行时间$10^3$ s

(b)运行时间$10^4$ s

(c)运行时间$10^5$ s

图 5-4　瓦斯压力云图

工作面前方煤层瓦斯压力出现明显的卸压现象，瓦斯压力大大低于原始瓦斯压力，瓦斯压力随距离工作面增加逐渐上升，直至趋近于原始瓦斯压力值(0.75 MPa)。随着运行时间的增加，瓦斯压力卸压范围不断扩大，这里所说的卸压范围与应力卸压范围不同，瓦斯压力卸压范围是指瓦斯压力开始下降的影响范围；当运行时间分别为 $10^3$ s、$10^4$ s、$10^5$ s 时，瓦斯压力卸压范围不断扩大。

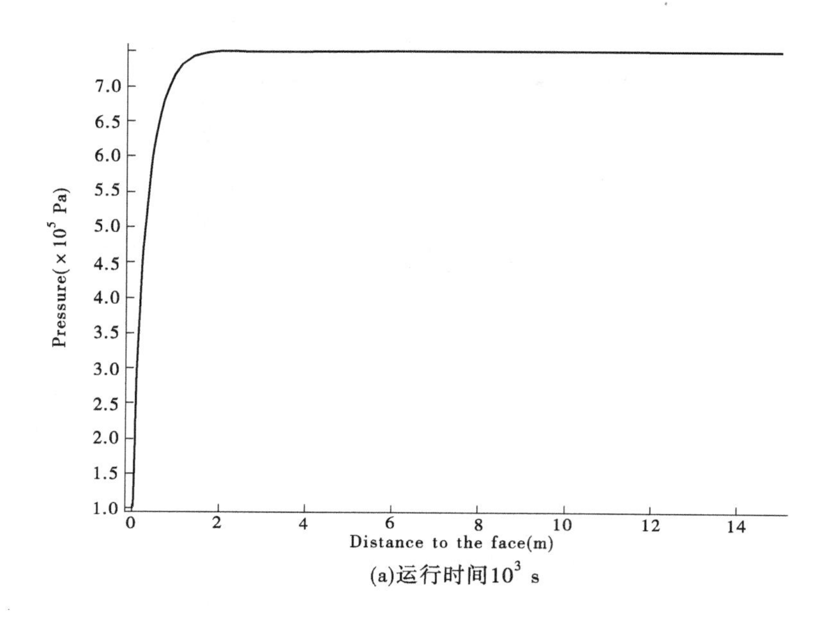


(a)运行时间 $10^3$ s

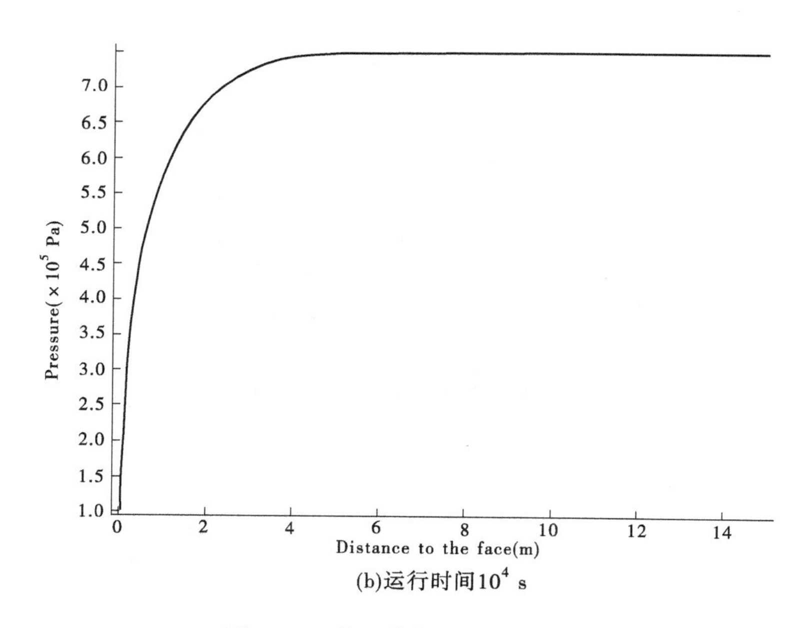


(b)运行时间 $10^4$ s

图 5-5　工作面前方瓦斯压力变化曲线图

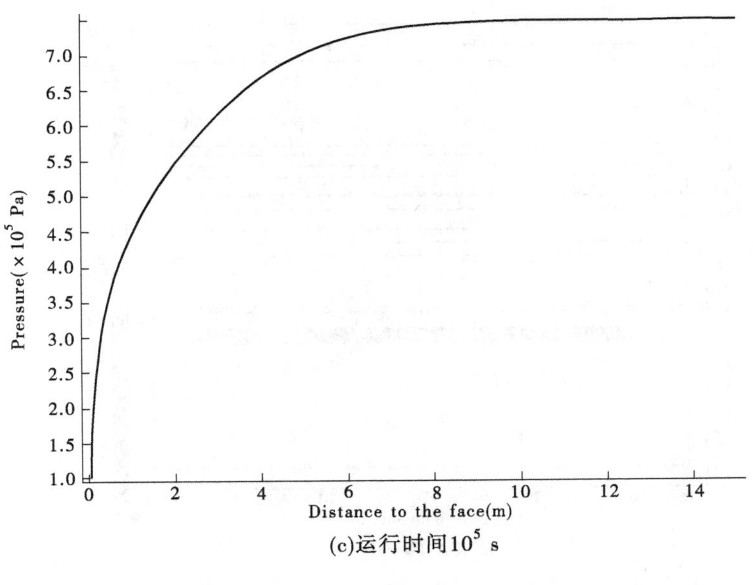


(c)运行时间$10^5$ s

续图 5-5

### 5.6.3　采煤工作面前方煤体渗透率变化

由渗透率模型可以看出，渗透率的变化与应力、体积应变、孔隙率、煤层瓦斯压力及煤体初始渗透率有关。由 COMSOL 软件对变量进行定义。渗透率云图和变化曲线如图 5-6、图 5-7 所示，在距采煤工作面较远处，由于未受采煤扰动影响，煤体渗透率为原始

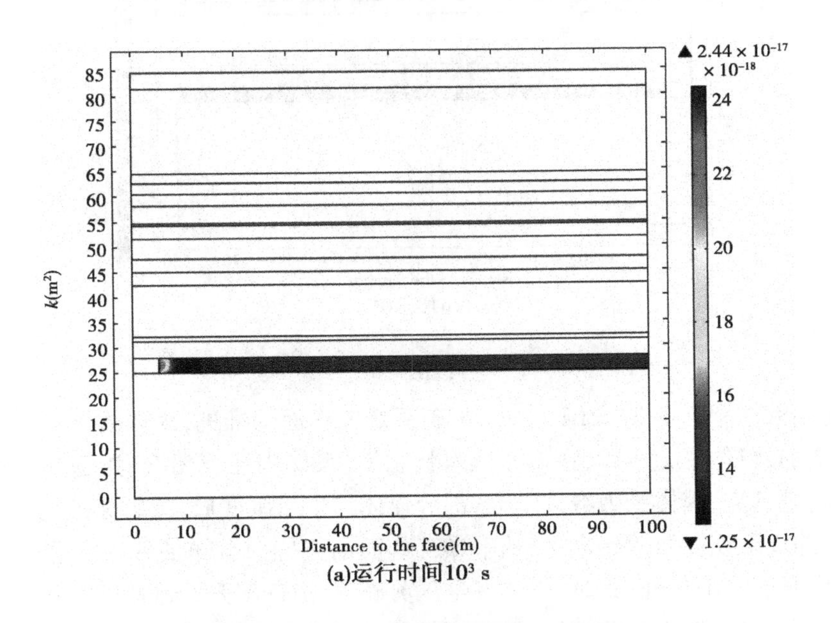


(a)运行时间$10^3$ s

图 5-6　工作面前方煤体渗透率变化云图

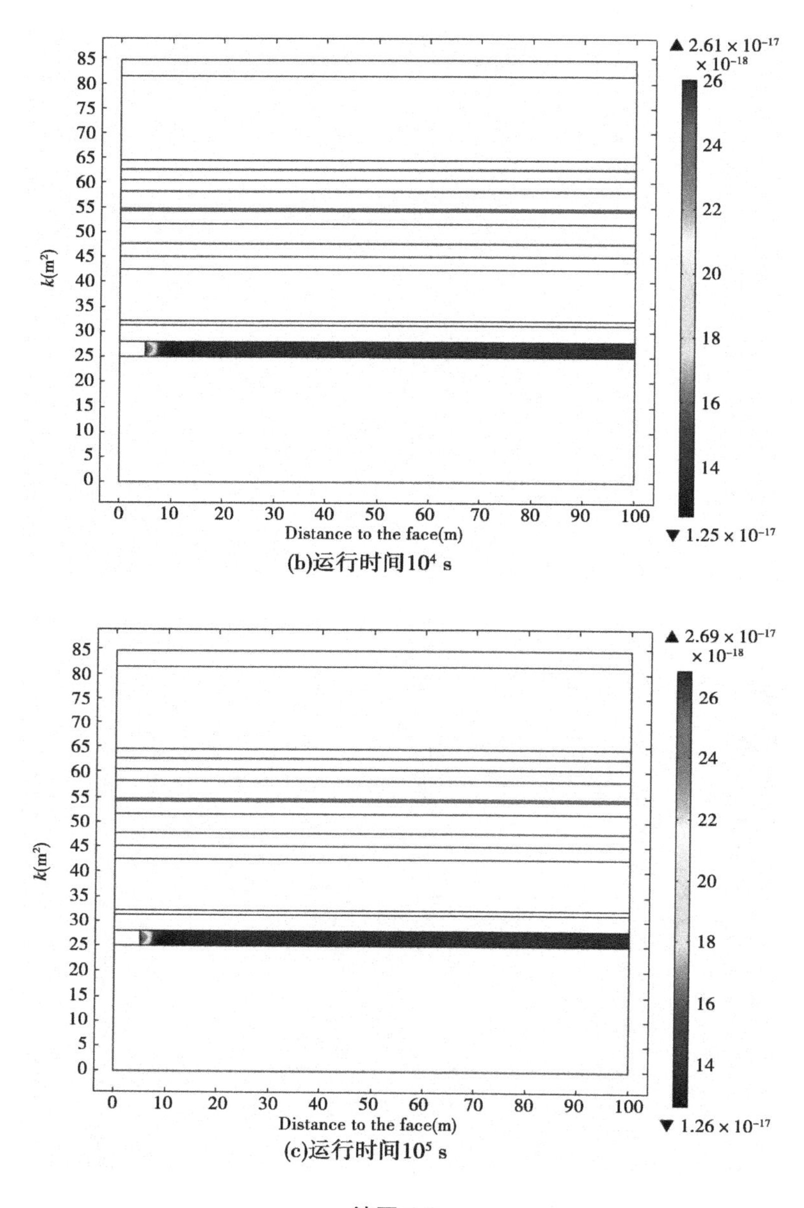


(b)运行时间$10^4$ s

(c)运行时间$10^5$ s

续图 5-6

渗透率，初始渗透率为 $1.37\times10^{-17}$ $m^2$，随着采煤工作面的推进，煤体逐渐处于承压状态，垂直应力增加，煤体受力压缩，在初始压缩状态下，煤体内孔隙闭合，渗透率降低；而随着距工作面越来越近，煤体受力继续增大，部分煤体发生屈服变形，微裂隙扩展，此时渗透率有所升高，并逐渐恢复至原始水平；从采煤工作面前方应力分布曲线可以看出，应力峰值出现在工作面前方不远处，此时，煤体发生压剪破坏，渗透率开始迅速增大；在采煤工作面前方卸压区内，煤体发生滑移破坏，煤体渗透率急剧增大，瓦斯涌出量大大增加，为瓦斯的抽采提供了充足的瓦斯源。另外，随着时间的增加，应力峰值向工作面前方远处转移且渗透率有所增大，当运行时间为 $10^5$ s 时，渗透率增大为 $2.69\times10^{-17}$ $m^2$。

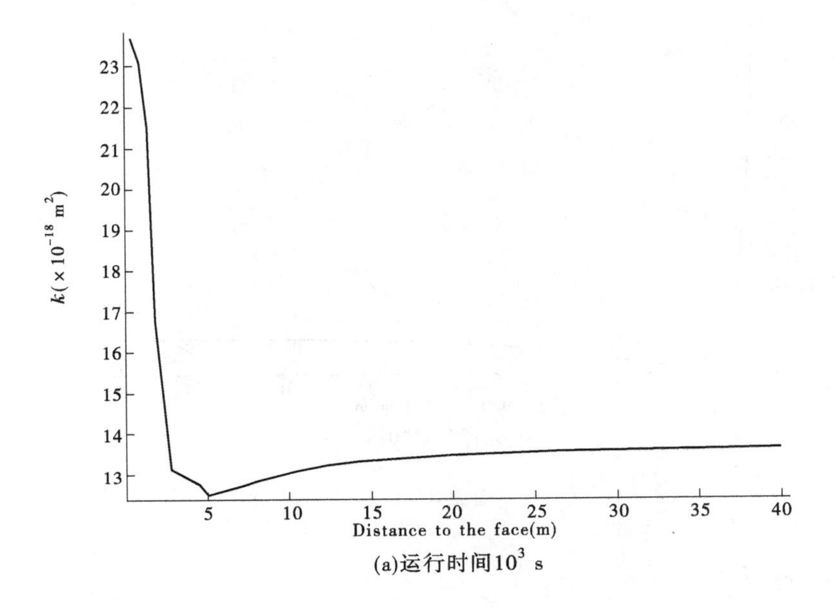


(a)运行时间 $10^3$ s

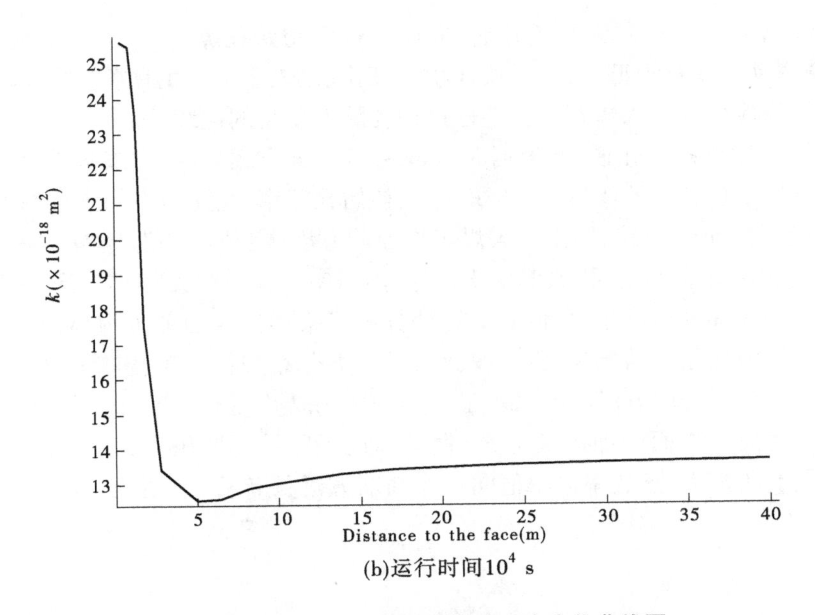


(b)运行时间 $10^4$ s

图 5-7　工作面前方煤体渗透率变化曲线图

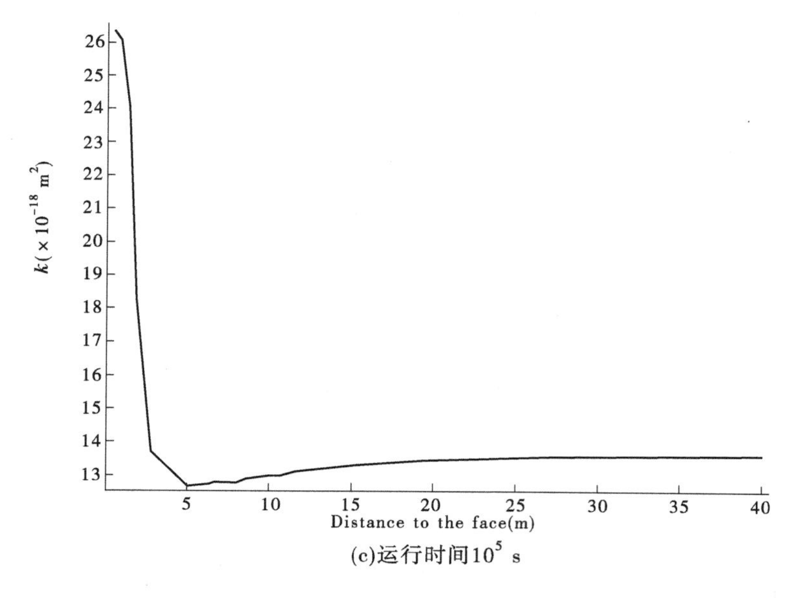


(c)运行时间$10^5$ s

续图 5-7

## 5.7　本章小结

(1)在考虑煤基质体积变化的基础上,推导了包含初始孔隙率、总体积应变、基质体积应变的孔隙率动态变化模型,其中基质体积应变由孔隙瓦斯压力压缩以及吸附瓦斯膨胀变形引起,体积应变的引入体现了弹塑性过程孔隙率变化的连续性。

(2)基于孔隙率动态变化模型,根据 Kozeny - Carman 方程,并考虑煤基质变化过程中表面积变化,推导了包含初始渗透率、体积应变、初始孔隙率、瓦斯压力的渗透率方程。根据质量守恒方程和 Darcy 定律,给出了采煤工作面前方煤体变形—瓦斯运移方程。

(3)根据莫尔 - 库仑准则、孔隙率变化方程、渗透率变化方程及煤体变形—瓦斯运移方程,采用 COMSOL Multiphysics 数值模拟软件分析了采煤工作面前方煤体应力变化、渗透率变化、瓦斯压力变化。结果表明:工作面前方应力分布规律与现场测试基本一致;工作面前方卸压区范围与理论计算相一致;工作面前方渗透率变化与现场实测瓦斯流量一致;瓦斯压力随距离工作面增加逐渐上升,直至趋近于原始瓦斯压力大小。随时间的推移,卸压区范围有所扩大,渗透率最小值向工作面前方远处转移,瓦斯压力卸压影响范围逐步扩大。

# 第6章　工作面前方煤体采动卸压增透效应及预抽钻孔偏角优化

通过前述章节试验研究、理论分析、数值模拟发现，在采煤工作面前方存在瓦斯大量涌出的卸压区，本章将通过现场实测进行验证，并提出相应的抽采应用和优化方案。本章对工作面前方煤体卸压与瓦斯运移相关性作了理论分析；结合某矿现场，采用钻孔应力传感器和流量观测仪器对工作面前方煤体垂直应力和钻孔瓦斯流量进行了实测，在实测卸压区宽度的基础上，提出有效钻孔长度概念，分别给出了失效距离小于卸压区宽度、失效距离等于卸压区宽度、失效距离大于卸压区宽度三种情况下不同偏角钻孔卸压瓦斯抽采量计算公式，通过实例分析和现场考察验证了公式的正确性。在考虑钻孔成孔率及盲区的情况下，不同偏角下的卸压瓦斯抽采量随偏角的增大迅速增大，随着偏角的继续增大，卸压瓦斯抽采增加量逐渐减小，根据某矿 N2105 工作面现场实际情况，在偏角为 17.5°时，卸压瓦斯抽采量达到最大值，偏角大于 17.5°，卸压瓦斯抽采量开始下降，确定合理钻孔偏角为 17.5°。

## 6.1　概　述

煤体地应力及煤层中的瓦斯在未受采动影响的情况下长期处于平衡状态。受采动影响以后，煤体地应力发生变化，在铅直方向上煤体应力变化依次经历了原始应力阶段、支承压力阶段和卸压阶段[180]，而工作面前方煤体水平方向应力是一个持续卸压的过程。在未受到采动影响的原始应力阶段，煤体渗透率不受采动影响，瓦斯涌出处于无波动的正常水平；在应力增加的支承压力阶段，由于煤体受压，部分原生裂隙闭合，渗透率有所降低；在卸压阶段，由于煤体铅直方向和水平方向应力同时降低，产生卸压现象，导致煤体破坏，裂隙相互贯通，相比初始渗透率，煤体渗透率增加明显。特别是在卸压阶段后期，产生滑移破坏现象，煤体渗透率急剧增加。由卸压导致煤体渗透率显著增加的现象称为卸压增透效应[181~184]。

采煤过程中，工作面前方煤体应力变化是一个复杂的过程，与采深及开采速度等相关，在实验室表现为不同围压及不同加卸载速率，对工作面前方煤体应力变化，相关学者做了不少试验研究[185~188]：在煤样加卸载试验中，煤样卸载破坏时的峰值强度比常规加载试验时小，且卸载破坏时的煤样变形比常规加载试验时大，即在卸载过程中煤样破坏更强烈且更易破坏。在恒定轴压卸围压试验中，相比常规三轴试验，卸围压试验中峰值点割线模量较低，煤样更容易破坏，卸围压使煤样破坏程度更强烈，侧向变形较大，且卸载速率越快，煤样越容易发生失稳破坏；在煤试样应力—应变下的渗透特性研究中，渗透率经历压缩阶段的降低和扩容阶段的增加，在扩容阶段，渗透率增加特点为先缓慢后迅速，甚至出现急剧增加现象。在卸围压过程中，快速卸围压使煤样渗透率增加幅度变大。

从目前的抽采实践看[189]，利用采动卸压增透效应来提高瓦斯抽采量已有大量应用，如通过保护层开采抽采被保护层卸压瓦斯、利用采空区上覆岩层采动裂隙带抽采裂隙带积聚瓦斯等[190,191]。而针对工作面前方煤体卸压增透效应瓦斯抽采应用研究较少，主要原因在于工作面前方煤体卸压区宽度较窄，抽采作用时间较短，这部分瓦斯抽采往往被忽视。虽有浅孔抽采等方法，但存在不少缺点。本章拟在工作面前方采动煤体卸压区范围现场实测的基础上，根据某矿实际条件，提出相应的卸压瓦斯抽采技术，延长卸压区的瓦斯抽采钻孔作用时间，以提高工作面前方煤体卸压瓦斯抽采量。

## 6.1.1　工作面前方煤体应力分布

受采动影响，工作面前方一定范围内的煤体原始应力不再是恒定值，出现增压与卸压现象[191]，可划分为原始应力区、支承压力区和卸压区，如图 6-1 所示。

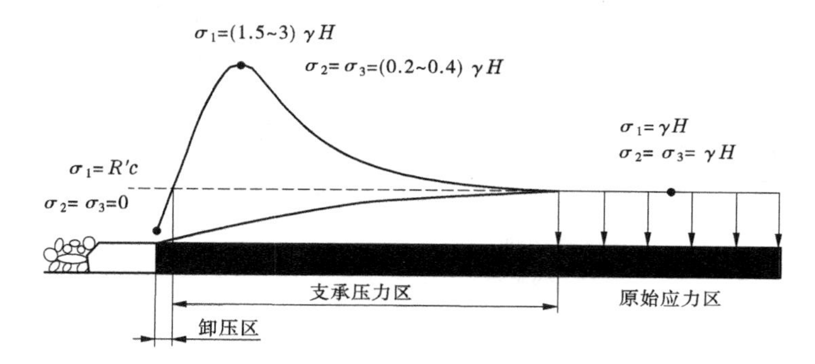


**图 6-1　工作面前方应力分布**

工作面前方煤体在铅直方向承受的荷载可表示为

$$\sigma_1 = K\gamma H \tag{6-1}$$

式中，$K$ 为应力集中系数；$\gamma$ 为容重；$H$ 为开采深度。

支承压力峰值点的水平应力可表示为

$$\sigma_2 = \sigma_3 = \frac{\sigma_1}{5\beta} \tag{6-2}$$

$\beta$ 为无煤柱开采、保护层开采、放顶煤开采等不同开采方式下的相关应力集中系数。在卸压区，铅直应力表现为单压残余强度状态（$R_c'$），水平应力降为 0。铅直应力与水平应力都处于动态变化过程中，由于变化过程的复杂性，两者的动态关系还需深入研究。

## 6.1.2　采动煤体变形破坏与渗透性变化过程

### 6.1.2.1　压缩变形阶段

随着采煤工作面的推进，在工作面前方煤体刚进入采动影响范围后，煤体变形主要为弹性变形，弹性压缩变形是部分裂隙闭合。随着工作面的继续推进，支承压力增大，煤体发生塑性变形，此时次生裂隙有部分闭合，但原生裂隙闭合影响程度更大，表现为煤层渗透率降低。渗透率通常被认为是有效体积应力与孔隙压的函数[192]。

煤体在初始压缩阶段，符合弹性变形的广义虎克定律，即

$$\sigma_{ij} = \lambda\delta_{ij}e + 2\mu\varepsilon_{ij} \tag{6-3}$$

煤体骨架在初始压缩阶段的有效应力遵循修正的 Terzaghi 有效应力规律，即

$$\begin{cases}\sigma_{ij} = \sigma'_{ij} + \alpha\delta_{ij} \\ \alpha = a_1 - a_2\theta + a_3p - a_4\theta p\end{cases} \tag{6-4}$$

式中，$\sigma_{ij}$为应力张力；$e$ 为体积变形；$\varepsilon_{ij}$为应变张量；$\lambda$、$\mu$ 为拉梅常数；$\sigma'_{ij}$为有效应力张量；$p$ 为孔隙压；$\delta_{ij}$为 Kronecker 函数；$\theta$ 为体积应力；$\alpha$ 由实验室测得。

#### 6.1.2.2　压剪破坏阶段

工作面前方煤体随着工作面推进铅直方向应力不断增大，当应力集中系数达到最大值时，在应力峰值附近发生压剪破坏，此时，压剪破坏由于支承压力大于煤体的屈服极限而发生，破坏的力学准则[9]为

$$\tau = C + \sigma\tan\varphi \tag{6-5}$$

式中，$\tau$ 为煤岩体抗剪强度；$\sigma$ 为剪切破坏面上正应力；$\varphi$、$C$ 分别为煤岩体抗剪内摩擦角和黏聚力。

此时煤岩体剪切面与最小主应力的夹角为 $45° + \frac{\varphi}{2}$。

在压剪破坏前后，煤体次生裂隙有一定发育，但发育较为缓慢。从裂隙网络看，此阶段裂隙网络局部连通性较好，因此瓦斯涌出量有一定程度增加，但由于尚未形成宏观的区域网络，区域之间裂隙的连通不畅，因此瓦斯涌出量增加程度有限。

#### 6.1.2.3　卸载破坏阶段

煤体在应力—应变曲线峰后处于应力下降阶段，而在实际采煤过程中，工作面前方煤体的水平应力也处于卸压状态，此时煤体发生卸载破坏。相关研究表明，在卸压过程中，煤体破坏表现为滑移破坏，其临界应力可以表示为[193,194]

$$\sigma_1 = \frac{\dfrac{\sigma_2\sin2\theta}{2} - \mu\left(\sigma_3 - \dfrac{8G_0\gamma}{k+1}\right)\cos^2\theta - 2(\tau_c + \mu\sigma_{1m}\sin^2\theta)}{\cos\theta\sin\theta + \mu\cos^2\theta} \tag{6-6}$$

式中，$\sigma_{1m}$为卸载起始轴向应力；其他符号意义同前。

从前述煤的力学试验章节的卸围压试验结果看，卸围压使煤样的破坏程度更强烈。从作用机制看，煤体卸围压相当于增加一个拉应力，拉应力方向与煤体水平应力方向相反，而此时铅直应力下降至原岩应力水平以下。煤体水平方向和铅直方向两个方向的同时卸压导致了煤体的卸载滑移破坏。之后，铅直应力保持残余应力状态，水平应力逐渐降为 0（至煤壁处）。

轴压卸载至拉应力的过程中，微裂隙发生失稳扩展

$$\sigma_3 = \frac{\sqrt{3}K_r\sec\theta_1 + 2\sqrt{\pi c}\,[C_c\sec\theta_1 + \sigma_1\sin\theta_1(\mu\tan\theta_1 - 1)]}{2\sqrt{\pi c}\,(\mu\cos\theta_1 + \sin\theta_1)} \tag{6-7}$$

式中，$\mu$ 为煤岩摩擦因数；$C_c$为黏聚力；$G_0$为煤岩的剪切模量；$\gamma = b/c$，$c$、$b$分别为裂隙的半长轴和半短轴（椭圆形）；$\theta$ 为裂隙与主应力方向的夹角；$\theta_1$ 为初始发生失稳扩展的方位角；$K_r$为断裂韧。

当煤体处于水平应力和铅直应力同时卸压的状态下时，煤体往往发生宏观失稳的滑

移破坏，此时裂隙迅速扩展，形成宏观的相互贯通的裂隙通道，为瓦斯提供了良好的运移通道，瓦斯涌出量急剧增加，在以往的研究中也得到证实，并称为突跳现象[195]。发生滑移破坏的煤体为工作面前方煤体卸压瓦斯抽采提供了瓦斯源，使钻孔卸压瓦斯抽采在实际上成为可能。

## 6.2 工作面前方煤体采动卸压增透效应现场测试

### 6.2.1 现场测试方案

某矿 N2105 采煤工作面走向长约 2 400 m，倾斜长 283 m，煤层平均厚度为 6.31 m、埋藏深度为 507 ~ 597 m。N2105 工作面煤层瓦斯含量约 10 $m^3/t$，煤层透气性低；工作面日产煤约 13 000 t，瓦斯涌出量最大 89.6 $m^3/min$。

在采煤过程中，采煤工作面前方煤体应力不断变化，体积应变随应力的变化经历了压缩阶段和扩容阶段，同时煤体的渗透率也随之改变。工作面前方煤体应力采用 GYW 钻孔应力传感器测试。钻孔应力测试方案为：在工作面前方约 80 m 处，用风钻施工 $\phi$42 mm 水平钻孔 2 个，间距 4 m，孔深分别为 5 m、7 m，将传感器的受力面朝上，采用配套输送杆将传感器推入。同时，布置瓦斯流量观测钻孔，测试钻孔瓦斯流量随应力的变化值。

### 6.2.2 测试结果分析

钻孔应力及瓦斯流量随工作面推进过程的变化如图 6-2 和图 6-3 所示。应力传感器安装初期，1#和 2#钻孔应力读数稳定在 0.7 MPa、0.6 MPa。随着采煤工作面的推进，读数不断增大，分别在距工作面 44.2 ~ 48.5 m、41.5 ~ 45.8 m（平均 45 m）时由原始应力区进入支承压力区。距工作面越近，煤体铅直应力越大，分别在距工作面 9.8 m、7 m 时达到峰值。随着工作面继续推进，应力开始持续减小，分别在距工作面 3 ~ 5 m、4.2 ~ 5.8 m（平均 4.5 m）时出现卸压现象，由支承压力区进入卸压区。

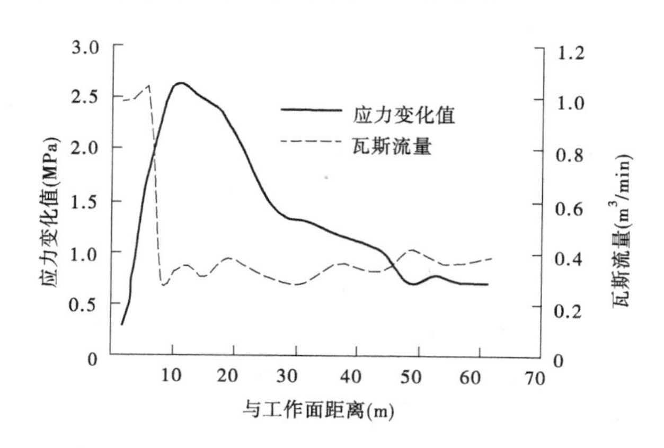


图 6-2 1#钻孔应力及瓦斯流量随工作面推进变化曲线

从图 6-2 和图 6-3 可以看出，钻孔瓦斯流量随应力的变化而变化：在采动影响范围以

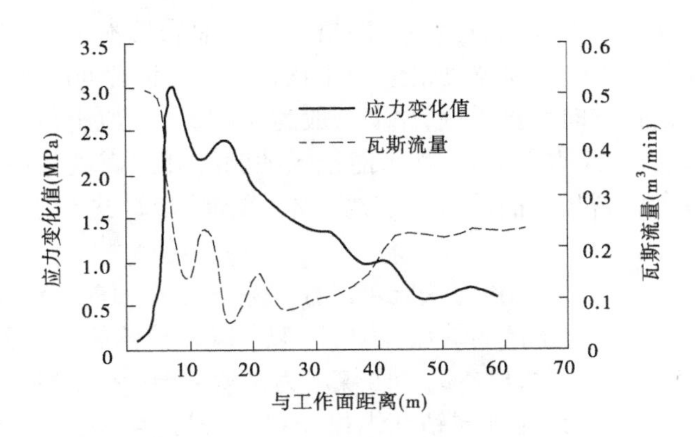


图6-3　2#钻孔应力及瓦斯流量随工作面推进变化曲线

外,瓦斯涌出处于正常水平;随着工作面的推进,钻孔应力水平增加,煤体压缩使原生裂隙闭合,渗透率降低,钻孔瓦斯流量下降;随着工作面的继续推进,工作面前方煤体发生扩容现象,此区域内裂隙发育,渗透率增大,钻孔瓦斯流量迅速增大。现场测试结果表明,采煤过程中,采煤工作面前方煤体也存在压缩与扩容过程,在压缩与扩容过程中,煤体渗透率变化与实验室试验结果一致。在距工作面前方0~4.5 m的卸压区内,铅直应力和水平应力同时卸压,此区域内裂隙发育,渗透系数增大,产生卸压增透效应。

通过钻孔应力—瓦斯流量现场实测证实,采煤工作面前方峰后支承压力逐渐减小,同时水平应力消除,出现卸压现象,形成瓦斯运移宏观通道,钻孔瓦斯流量大大增加。统计分析表明,某矿N2105工作面本煤层钻孔卸压瓦斯流量平均约为0.9 $m^3$/min,是原始应力区钻孔瓦斯流量的2~3倍。

## 6.3　基于采动煤体卸压增透效应现场应用及偏角优化

近年来,随着抽采装备和抽采技术水平的提高,我国的瓦斯抽采量每年都在递增。由于我国许多煤矿煤层透气性系数低,煤体卸压措施可有效提高煤层渗透率,进而提高瓦斯抽采量,因此采用卸压措施的瓦斯抽采量在我国瓦斯抽采总量中占相当大比重。在卸压增透措施中包括区域卸压增透措施和局部卸压增透措施。区域卸压增透措施是指邻近层(可以是煤层,也可以是岩层)卸压增透措施,即开采保护层。局部卸压增透措施主要有深孔预裂爆破措施、水力化措施(如割缝、冲孔、压裂措施)等[196]。而在卸压抽采技术措施中,抽采受采动影响的上覆岩层裂隙带内的瓦斯技术不可忽略,这包括高位钻孔抽采技术、地面钻孔抽采技术、千米钻孔抽采技术、高抽巷抽采技术等。而近年来对受采动影响的采煤工作面前方卸压瓦斯抽采技术及理论的研究蓬勃发展[197]。

由采煤扰动过程造成采煤工作面前方煤体产生卸压增透区,由于工作面前方煤体卸压增透区宽度较小,往往忽略这部分卸压瓦斯的抽采,但这部分卸压瓦斯通常具有涌出量大、涌出速度快的特点,增加了采煤工作面瓦斯治理难度。目前采煤工作面前方卸压抽采技术主要有网格抽采技术[198]、浅孔抽采技术[199],并在焦煤和平煤得到推广应用。网格抽采是指在采煤工作面前方施工横贯,在横贯向采煤工作面方向施工一定长度的抽采钻孔，与原本煤层预抽钻孔形成纵横交错的网格。浅孔抽采技术是为了抽采采煤工作面前方卸压区瓦斯，在采煤工作面煤壁处沿倾向布置若干一定钻孔间距的钻孔，钻孔间距根据煤层透气性而定，钻孔方向垂直煤壁，深度一般为 8 ~12 m。以上两种采煤工作面前方卸压瓦斯抽采技术既有优点也有缺点，如果能把预抽钻孔和采煤工作面前方卸压瓦斯抽采钻孔结合起来，将会提高瓦斯抽采量并节约成本，文献[162]进行了有益探索，这也是本书研究的内容之一。

（1）网格抽采技术。优点：该方法既可以抽采采煤工作面前方卸压区的瓦斯，又可以弥补预抽钻孔成孔浅、成孔率低的缺点。缺点：①在走向较长的工作面，每隔一段距离需要实施一条联络巷，工程量大，成本高。若煤层为松软煤层，钻孔踏孔现象严重的话，所需联络巷会更多。②走向钻孔与倾向钻孔纵横交错，容易产生串孔现象，相互产生制约影响。

（2）工作面浅孔抽采技术。优点：采煤工作面浅孔抽采技术直接有效解决了工作面瓦斯涌出量过大的问题，尤其是对高瓦斯突出、危险性大的工作面效果显著。浅孔抽采技术虽然对降低工作面瓦斯涌出效果明显，但是缺点也很明显，主要有：①工作面回采期间在采煤工作面实施浅孔钻孔（包括打钻、封孔、联网以及后来的拆除）是一个费时费力的工程，假设一个浅孔钻孔的施工按 30 min 计算，钻孔间距 1.5 m，长 300 m 的采煤工作面需耗时 6 000 min，且需要保持一定的抽采时间，严重影响回采进度。②在高突出危险性采煤工作面实施钻孔，本身就有诱导煤与瓦斯突出发生的可能。

由第 3 章的压缩扩容渗流试验及本章现场应力和瓦斯流量测试可知，在煤壁前方煤体卸压区内，由于煤体扩容破坏，钻孔瓦斯流量相比原始瓦斯流量有较大程度增加。但在实际采煤过程中，随着采煤工作面的不断往前推进，为了不影响割煤机采煤作业，瓦斯抽采管路往往被提前移除导致钻孔失效，或者钻孔因塌孔而失效。通常情况下，采煤工作面前方卸压区范围较窄，对于垂直煤壁预抽钻孔，当失效距离大于卸压区宽度时，钻孔没有起到卸压瓦斯抽采作用，当卸压区宽度大于失效距离时，钻孔卸压瓦斯抽采作用时间较短。为了尽可能多抽采工作面前方卸压区瓦斯，有必要根据工作面前方卸压区宽度大小对抽采钻孔偏角进行合理优化设计。

### 6.3.1　有效钻孔长度

为了对采煤工作面前方煤体卸压区钻孔卸压瓦斯抽采量进行定量计算，首先对有效钻孔长度进行定义。有效钻孔长度是指作用在卸压区内的钻孔长度，如图 6-4 所示，图中 $L$ 为钻孔长度；$L_e$ 为有效钻孔长度；$A_e$ 为有效钻孔宽度；$\alpha$ 为钻孔与垂直煤壁方向夹角，简称偏角；$A$ 为钻孔沿巷道方向投影长度；$B$ 为卸压区宽度；$S$ 为采煤工作面长度的 1/2。

工作面前方卸压瓦斯抽采量与有效钻孔长度及有效钻孔的作用时间有关。为了使钻孔在失效前尽可能多地抽采卸压区瓦斯，要增大有效钻孔作用范围，延长钻孔卸压瓦斯抽采时间。有效钻孔长度可以用式(6-8)计算

$$\begin{cases} L_e = A_e/\sin\alpha \\ \sin\alpha = A/\sqrt{A^2 + S^2} \end{cases} \tag{6-8}$$

随着采煤工作面的不断向前推进，有效钻孔长度处于动态变化过程，不同偏角下的钻

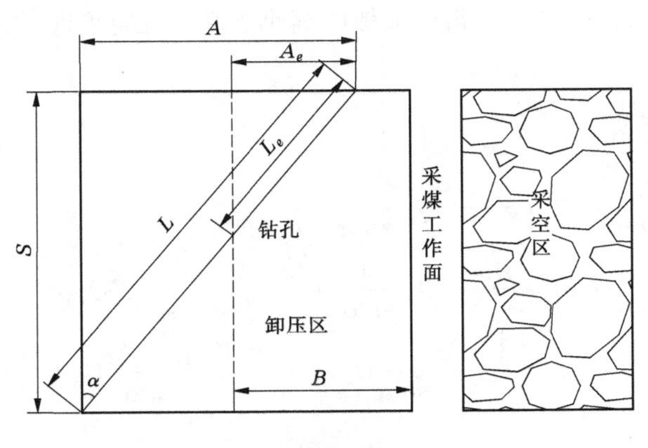


图6-4　有效钻孔长度

孔卸压瓦斯抽采动态过程不尽相同，因此需要根据有效钻孔长度的变化对卸压瓦斯抽采量进行定量分析。

### 6.3.2　不同偏角钻孔卸压瓦斯抽采量分析

设 $V$ 为卸压瓦斯抽采量；$P$ 为失效距离（钻孔失效时孔口至工作面距离）；$Q_m$ 为单位有效钻孔长度瓦斯抽采流量；$N$ 为回采进度。

（1）当失效距离小于卸压区宽度时（$P<B$），卸压瓦斯抽采量计算分以下几种情况：

①若 $A=0$（$\alpha=0°$，即钻孔与煤壁垂直），当孔口与工作面距离为 $B$ 时，整个钻孔同时进入卸压区，有效钻孔长度等于钻孔长度，工作面继续推进距离为 $B-P$ 时，钻孔失效；卸压瓦斯抽采量按式（6-9）计算

$$V=\frac{B-P}{N}LQ_m \tag{6-9}$$

②若 $0<A\leqslant P$，即钻孔偏角 $\alpha$ 较小，当钻孔孔底与工作面距离为 $B$ 时，开始逐渐进入卸压区；工作面继续推进距离为 $A$ 时，钻孔完全进入卸压区，有效钻孔长度等于钻孔长度；至工作面推进距离为 $B-P$ 时，钻孔失效。卸压瓦斯抽采量为

$$V=\int_0^{A/N}\frac{Nt}{\sin\alpha}Q_m\mathrm{d}t+\frac{B-P}{N}Q_m\frac{A}{\sin\alpha} \tag{6-10}$$

③若 $P<A\leqslant B$，当钻孔孔底与工作面距离为 $B$ 时，开始逐渐进入卸压区；工作面继续推进距离为 $A$ 时，整个钻孔完全进入卸压区；至工作面推进距离为 $B-A$ 时，受回采影响，钻孔长度开始随回采减小，此后工作面再推进 $A-P$ 时，钻孔失效。卸压瓦斯抽采量为

$$V=\int_0^{A/N}\frac{Nt}{\sin\alpha}Q_m\mathrm{d}t+\frac{B-A}{N}Q_m\frac{A}{\sin\alpha}+\int_0^{(A-P)/N}\frac{A-Nt}{\sin\alpha}Q_m\mathrm{d}t \tag{6-11}$$

④若 $A>B$，当钻孔孔底与工作面距离为 $B$ 时，开始逐渐进入卸压区；工作面继续推进距离为 $B$ 时，钻孔长度开始随回采而减小，直至工作面推进距离为 $A-B$ 时，处于卸压区内的有效钻孔长度保持不变；此后工作面再推进 $B-P$ 时，钻孔失效。卸压瓦斯抽采量为

$$V=\int_0^{B/N}\frac{Nt}{\sin\alpha}Q_m\mathrm{d}t+\frac{A-B}{N}\frac{B}{\sin\alpha}Q_m+\int_0^{(B-P)/N}\frac{B-Nt}{\sin\alpha}Q_m\mathrm{d}t \tag{6-12}$$

综合式(6-9)~式(6-12),可得到失效距离小于卸压区宽度时的卸压瓦斯抽采量计算公式为

$$\begin{cases} V = \dfrac{B-P}{N}LQ_m & (A=0) \\ V = \displaystyle\int_0^{A/N} \dfrac{Nt}{\sin\alpha}Q_m \mathrm{d}t + \dfrac{B-P}{N}Q_m \dfrac{A}{\sin\alpha} & (0 < A \leqslant P) \\ V = \displaystyle\int_0^{A/N} \dfrac{Nt}{\sin\alpha}Q_m \mathrm{d}t + \dfrac{B-A}{N}Q_m \dfrac{A}{\sin\alpha} + \displaystyle\int_0^{(A-P)/N} \dfrac{A-Nt}{\sin\alpha}Q_m \mathrm{d}t & (P < A \leqslant B) \\ V = \displaystyle\int_0^{B/N} \dfrac{Nt}{\sin\alpha}Q_m \mathrm{d}t + \dfrac{A-B}{N}\dfrac{B}{\sin\alpha}Q_m + \displaystyle\int_0^{(B-P)/N} \dfrac{B-Nt}{\sin\alpha}Q_m \mathrm{d}t & (A > B) \end{cases} \tag{6-13}$$

通过计算,$P<A\leqslant B$ 时与 $A>B$ 时卸压瓦斯抽采量有相同的表达式,式(6-13)为

$$\begin{cases} V = \dfrac{B-P}{N}LQ_m & (A=0) \\ V = \dfrac{A+2(B-P)}{2N}\sqrt{A^2+S^2}Q_m & (0 < A \leqslant P) \\ V = \dfrac{2AB-P^2}{2NA}\sqrt{A^2+S^2}Q_m & (A > P) \end{cases} \tag{6-14}$$

设 $V = V_0(A=0)$;$V = V_1(0 < A \leqslant P)$;$V = V_2(A > P)$。$V_0$ 为常数。对函数 $V_1(A)$、$V_2(A)$ 求导,$V_1'(A) > 0$、$V_2'(A) > 0$,函数 $V_1(A)$、$V_2(A)$ 为增函数。由 $V_2(A) - V_1(A) - V_0 > 0$ 知,$V(A)$ 在 $A \geqslant 0$ 时为增函数。从理论上说,单孔卸压瓦斯抽采量随偏角的增大而增大,但实践中应考虑工程技术等因素对此进行具体分析。

(2)当失效距离等于卸压区宽度($P=B$)时,同样按不同情况分析,可得到卸压瓦斯抽采量计算式如下:

①若 $A=0$($\alpha=0°$,即钻孔与煤壁垂直),当采煤工作面推进至孔口时,钻孔即失效,未起到卸压瓦斯抽采作用,此时卸压瓦斯抽采量 $V=0$。

②若 $0<A\leqslant B$,当孔底距采煤工作面距离为 $B$ 时,钻孔自孔底开始逐步进入卸压区;采煤工作面继续推进距离 $A$ 时,整个钻孔完全进入卸压区,而在整个钻孔进入卸压区的同时,钻孔即失效。此时,卸压瓦斯抽采量可用下式计算

$$V = \int_0^{A/N} \frac{Nt}{\sin\alpha}Q_m \mathrm{d}t \tag{6-15}$$

③若 $A>B$,当孔底距采煤工作面距离为 $B$ 时,钻孔自孔底开始逐步进入卸压区;采煤工作面继续推进距离 $B$ 时,钻孔的有效钻孔宽度为 $B$,此后一段时间直至钻孔失效,保持有效钻孔宽度为 $B$;采煤工作面继续推进距离 $A-B$ 后,钻孔失效,此时卸压瓦斯抽采量可用下式计算

$$V = \int_0^{B/N} \frac{Nt}{\sin\alpha}Q_m \mathrm{d}t + \frac{A-B}{N}\frac{B}{\sin\alpha}Q_m \tag{6-16}$$

综合以上各式,当失效距离等于卸压区宽度时,卸压瓦斯抽采量为

$$\begin{cases} V = 0 & (A = 0) \\ V = \int_0^{A/N} \frac{Nt}{\sin\alpha} Q_m \mathrm{d}t & (0 < A \leqslant B) \\ V = \int_0^{B/N} \frac{Nt}{\sin\alpha} Q_m \mathrm{d}t + \frac{A - B}{N} \frac{B}{\sin\alpha} Q_m & (A > B) \end{cases} \tag{6-17}$$

经计算,式(6-17)为

$$\begin{cases} V = 0 & (A = 0) \\ V = \frac{A}{2N} \sqrt{A^2 + S^2} Q_m & (0 < A \leqslant B) \\ V = \frac{2AB - B^2}{2NA} \sqrt{A^2 + S^2} Q_m & (A > B) \end{cases} \tag{6-18}$$

当失效距离等于卸压区宽度时,随 $A$ 值的变化,钻孔卸压瓦斯抽采量发生变化。$A = 0$时,钻孔未起到卸压瓦斯抽采作用,$V = 0$;$0 < A \leqslant B$ 时,随着工作面的推进,钻孔逐渐进入卸压区范围,有效钻孔宽度 $A_e$ 逐渐增大至 $B$,卸压瓦斯抽采量也不断增大;$A > B$ 时,随着采煤工作面的推进,有效钻孔宽度逐渐增大至卸压区宽度,继续回采距离 $A - B$ 后,钻孔失效。

(3)当失效距离大于卸压区宽度($P > B$)时,卸压瓦斯抽采量计算分以下几种情况:

①若 $A \leqslant P - B$,钻孔未起到卸压瓦斯抽采作用,此时卸压瓦斯抽采量 $V = 0$。

②若 $P - B < A \leqslant P$,当偏角较小时,随着采煤工作面的推进,当孔底距采煤工作面距离为 $B$ 时,钻孔自孔底开始逐步进入卸压区;由于失效距离大于卸压区宽度,钻孔只有部分进入卸压区,进入卸压区的宽度为 $A - P + B$;随着采煤工作面的继续推进,钻孔失效。

$$V = \int_0^{(A-P+B)/N} \frac{Nt}{\sin\alpha} Q_m \mathrm{d}t \tag{6-19}$$

③若 $A > P$,当孔底距采煤工作面距离为 $B$ 时,钻孔自孔底开始逐步进入卸压区;采煤工作面继续推进距离 $B$ 时,钻孔的有效钻孔宽度为 $B$,此后一段时间直至钻孔失效,保持有效钻孔宽度为 $B$;采煤工作面继续推进距离 $A - P$ 后,钻孔失效,此时卸压瓦斯抽采量可用下式计算

$$V = \int_0^{B/N} \frac{Nt}{\sin\alpha} Q_m \mathrm{d}t + \frac{A - P}{N} \frac{B}{\sin\alpha} Q_m \tag{6-20}$$

综合以上各式,当失效距离大于卸压区宽度时,卸压瓦斯抽采量为

$$\begin{cases} V = 0 & (A \leqslant P - B) \\ V = \int_0^{(A-P+B)/N} \frac{Nt}{\sin\alpha} Q_m \mathrm{d}t & (P - B < A \leqslant P) \\ V = \int_0^{B/N} \frac{Nt}{\sin\alpha} Q_m \mathrm{d}t + \frac{A - P}{N} \frac{B}{\sin\alpha} Q_m & (A > P) \end{cases} \tag{6-21}$$

经计算,式(6-21)为

$$\begin{cases} V = 0 & (A \leqslant P - B) \\ V = \dfrac{(A - P + B)^2}{2NA} \sqrt{A^2 + S^2} Q_m & (P - B < A \leqslant P) \\ V = \dfrac{2A - 2PB + B^2}{2NA} \sqrt{A^2 + S^2} Q_m & (A > P) \end{cases} \tag{6-22}$$

$A \leqslant P - B$ 时，钻孔未起到卸压瓦斯抽采作用，$V = 0$；$P - B < A \leqslant P$ 时，随 $A$ 值的增大，有效钻孔宽度逐渐增大至卸压区宽度，钻孔卸压瓦斯抽采量也逐渐增大；$A > P$ 时，随着工作面的推进，有效钻孔宽度增大至卸压区宽度，继续回采距离 $A - P$ 后，钻孔失效。在失效距离大于卸压区宽度，垂直煤壁钻孔或钻孔偏角较小时，完全未起到卸压瓦斯抽采作用。

### 6.3.3 实例分析

根据某矿 N2105 工作面现场实际情况，本煤层钻孔失效距离约 3 m，工作面前方煤体卸压区宽度为 4.5 m，钻孔在卸压区内实际作用宽度仅为 1.5 m，并没有完全起到抽采工作面前方煤体卸压瓦斯的作用。根据统计分析，N2105 工作面本煤层钻孔卸压瓦斯流量约为 0.9 $m^3$/min，$Q_m = 0.9/S$，N2105 采煤工作面长 283 m，本煤层钻孔在进风顺槽和回风顺槽同时施工，钻孔控制到中部区域，$S$ 为 141.5 m，回采进度 $N$ 为 4.3 m/d。不同偏角下的单孔卸压瓦斯抽采量（$V$）如图 6-5 所示。

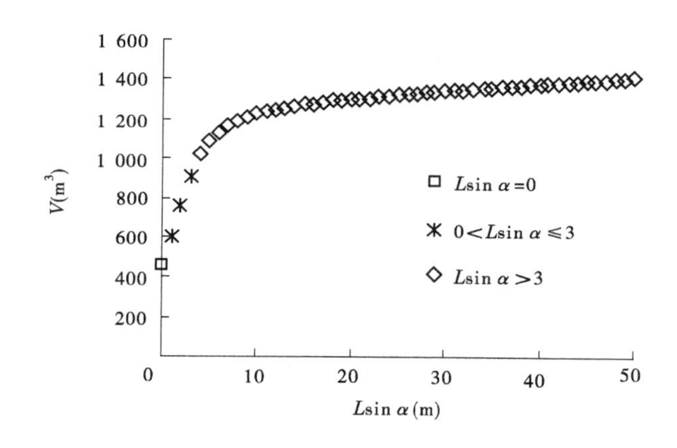


图 6-5 不同偏角钻孔卸压瓦斯抽采量

由图 6-5 可以看出，随着偏角 $\alpha$ 的增大，钻孔卸压瓦斯抽采量增大，具体表现为：初始阶段瓦斯抽采量增加较快，随着偏角的增大，瓦斯抽采量增加趋于缓慢。虽然卸压瓦斯抽采量随着偏角增大而增大，但最大偏角还受实际条件限制。

N2105 工作面本煤层透气性低，煤质较松软，钻孔越深，卡钻、塌孔现象越严重。根据打钻记录，N2105 工作面所在采区本煤层钻孔最深为 152 m。若按最大孔深为 152 m 计算，$A = 55.5$ m，$\alpha = 21.4°$。若钻孔偏角为 21.4°，单孔卸压瓦斯抽采量为 1 430.6 $m^3$，相比原垂直煤壁钻孔（$\alpha = 0°$）单孔卸压瓦斯抽采量（452.1 $m^3$）增加 978.5 $m^3$，约为原来的 3.2

倍，预期可大幅提高卸压区瓦斯抽采量。

### 6.3.4 现场考察

N2105 工作面在回采初期，进、回风顺槽部分钻孔为倾斜钻孔，偏角 5°，选取钻孔深度达到设计深度的钻孔作为试验钻孔。卸压瓦斯理论计算值用 $V_l$ 表示，卸压瓦斯实测值用 $V_s$ 表示。钻孔卸压瓦斯抽采量实测值按式(6-23)计算

$$V_s = \frac{A - P}{N}(Q_{av} - Q_0) \tag{6-23}$$

式中，$Q_{av}$ 为平均瓦斯流量；$Q_0$ 为原始瓦斯流量，约为 0.3 $m^3$/min。

钻孔参数及卸压瓦斯量计算如表 6-1 所示。

**表 6-1　卸压抽采瓦斯量理论值与实测值对比**

| 钻孔编号 | 偏角(°) | 开孔高度(m) | 孔径(mm) | 瓦斯流量($m^3$/min) | | | | $V_l$ ($m^3$) | $V_s$ ($m^3$) |
|---|---|---|---|---|---|---|---|---|---|
| | | | | 1 次 | 2 次 | 3 次 | 4 次 | | |
| 1# | 5 | 1.6 | 115 | 0.56 | 0.74 | 0.68 | 0.82 | 1 246.25 | 1 255.14 |
| 2# | 5 | 1.6 | 115 | 0.52 | 0.69 | 0.77 | 0.79 | 1 246.25 | 1 231.61 |
| 3# | 5 | 1.6 | 115 | 0.55 | 0.76 | 0.76 | 0.74 | 1 246.25 | 1 263.00 |
| 4# | 5 | 1.6 | 115 | 0.54 | 0.71 | 0.77 | 0.80 | 1 246.25 | 1 270.83 |

钻孔卸压瓦斯实测值与钻孔卸压瓦斯理论计算值虽有误差，但基本一致，造成误差的原因是卸压瓦斯的理论计算时无法区分卸压抽采部分和非卸压抽采部分，而是在计算时，简单地用瓦斯流量平均观测值减去瓦斯流量初始值，因而无法对卸压瓦斯实测值进行精确计算。

### 6.3.5 偏角优化

盲区是指没有抽采钻孔的区域。偏角的增大使盲区面积增大，盲区可划分为盲区 1、盲区 2 和盲区 3(实际钻孔深度未达到设计深度造成的盲区)，盲区 1 可补打钻孔，盲区 2 通常情况下钻孔实施比较困难，盲区 3 则无法施工钻孔。偏角越大盲区面积越大。盲区的存在影响了本煤层预抽效果，同时也埋下了安全隐患。钻孔布置及盲区如图 6-6 所示。

在打钻过程中，受卡钻、踏孔、喷孔等影响，部分钻孔的实际长度往往达不到钻孔设计长度。因此，在合理偏角确定中，还应考虑钻孔成孔率，如设计的钻孔深度较深，而实际上只有少部分钻孔能达到设计深度，大部分达不到设计深度，就会造成盲区 3 面积的增加。设钻孔的成孔率为达到设计长度的钻孔数量与设计钻孔总量之比，随着钻孔深度的增加，成孔率不断降低(见图 6-7)。根据某矿打钻记录，对钻孔成孔率进行了统计并进行拟合。拟合公式为 $y = 95.18 - 3.047 \times 10^{-8} \times e^{0.143x}$。

与原煤层垂直钻孔瓦斯抽采量相比，一定偏角下的钻孔瓦斯抽采实际增加量应综合考虑两个因素：一是卸压瓦斯抽采量的增加；二是盲区卸压瓦斯抽采量的减少。其中，第

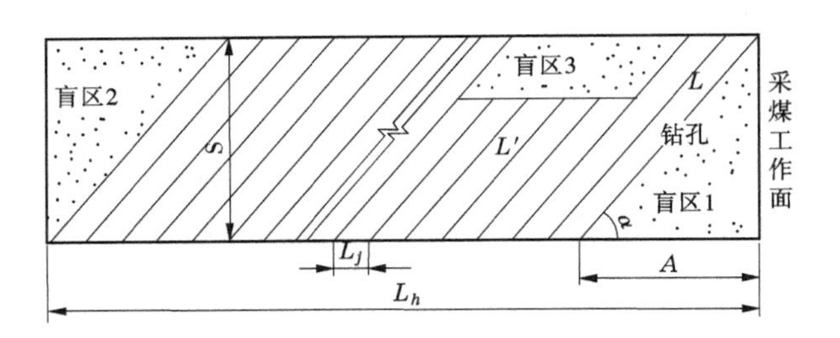


图 6-6　钻孔布置及盲区示意图

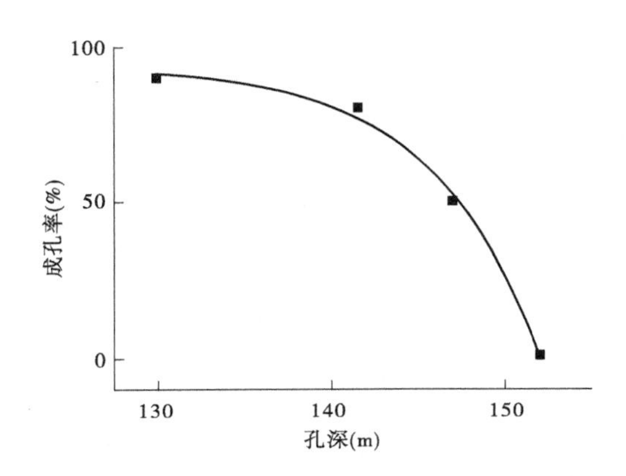


图 6-7　钻孔成孔率拟合

一部分因素包括达到设计深度的钻孔卸压瓦斯抽采量和未达到设计深度的钻孔卸压瓦斯抽采量，这就要考虑钻孔成孔率的影响。为了对盲区卸压瓦斯抽采减少量进行量化，可根据盲区总面积和单个钻孔所占盲区面积，计算出一定面积盲区内的钻孔数量，继而计算出盲区减少的卸压瓦斯抽采量。

设未达到钻孔设计深度的钻孔实际孔深为 $L'$，如图 6-8 所示，沿巷道方向投影为 $A'$。由于钻孔未达到设计孔深，一方面，相比达到设计孔深的钻孔卸压瓦斯抽采量有所减小；另一方面，由于未达到设计孔深，造成抽采盲区，即图 6-6 中的盲区 3。因此，随着钻孔偏角的增大，造成盲区 2 及盲区 3 面积的增大，同时由于偏角越大成孔率越低，造成了未达到钻孔设计深度的钻孔数量增加，从而降低卸压瓦斯抽采总量。

卸压瓦斯抽采总量包括达到设计深度的钻孔卸压瓦斯抽采量、未达到设计深度的钻孔卸压瓦斯抽采量、盲区 2 卸压瓦斯抽采减少量和盲区 3 卸压瓦斯抽采减少量几个部分。

### 6.3.5.1　达到设计深度的钻孔卸压瓦斯抽采量

达到设计深度一定偏角的钻孔卸压瓦斯抽采量计算公式为

$$\begin{cases} V = \dfrac{A + 2(B - P)}{2N}\sqrt{A^2 + S^2}\,Q_m & (0 < A \leqslant P) \\ V = \dfrac{2AB - P^2}{2NA}\sqrt{A^2 + S^2}\,Q_m & (A > P) \end{cases} \tag{6-24}$$

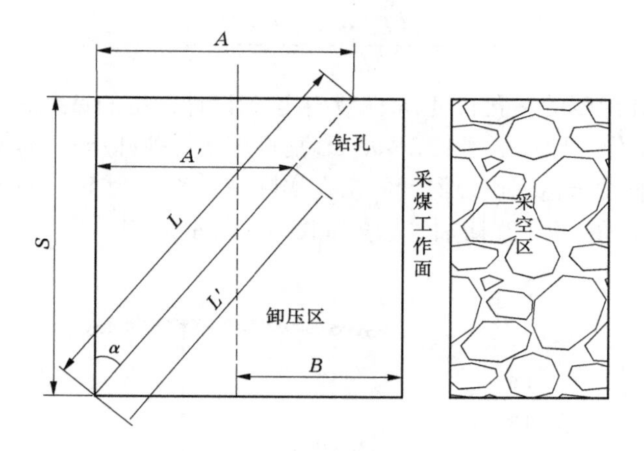


图 6-8　未达到设计深度钻孔示意图

则整个工作面达到设计深度的卸压瓦斯抽采总量 $V_{td}$ 为

$$V_{td} = \frac{VP_t(L_h - A)}{L_j} \tag{6-25}$$

式中，$V_{td}$ 为整个工作面达到设计深度的卸压瓦斯抽采总量，$m^3$；$V$ 为达到设计深度的单孔卸压瓦斯抽采量，$m^3$；$P_t$ 为钻孔成孔率；$L_h$ 为巷道长度，m；$A$ 为达到设计深度钻孔沿巷道方向的投影，m；$L_j$ 为钻孔间距，m。

6.3.5.2　**未达到设计深度的钻孔卸压瓦斯抽采量**

未达到设计深度的单孔卸压瓦斯抽采量为

$$\begin{cases} V' = \dfrac{A' + 2(B - P)}{2N}\sqrt{A'^2 + S^2}\,Q_m & (0 < A' \leqslant P) \\ V' = \dfrac{2A'B - P^2}{2NA'}\sqrt{A'^2 + S^2}\,Q_m & (A' > P) \end{cases} \tag{6-26}$$

则整个工作面未达到设计深度的卸压瓦斯抽采总量 $V_{tw}$ 为

$$V_{tw} = \frac{V'(1 - P_t)(L_h - A)}{L_j} \tag{6-27}$$

式中，$V_{tw}$ 为整个工作面未达到设计深度的卸压瓦斯抽采总量，$m^3$；$V'$ 为未达到设计深度的单孔卸压瓦斯抽采量，$m^3$；$A'$ 为未达到设计深度钻孔沿巷道方向的投影，m。

6.3.5.3　**盲区 2 卸压瓦斯抽采减少量**

设垂直钻孔的卸压瓦斯抽采量为 $V_0$，盲区 2 卸压瓦斯抽采减少量为

$$V_{m2} = \frac{0.5ASV_0}{SL_j} = \frac{0.5AV_0}{L_j} \tag{6-28}$$

式中，$V_{m2}$ 为整个盲区 2 卸压瓦斯抽采总量，$m^3$；$V_0$ 为垂直钻孔的卸压瓦斯抽采量，$m^3$。

6.3.5.4　**盲区 3 卸压瓦斯抽采减少量**

$$V_{m3} = \frac{V_0(1 - P_t)[(L_h - A)/L_j][(L - L')L_j\cos\alpha]}{SL_j}$$

$$= \frac{V_0(1-P_t)(L_h-A)(L-L')}{SL_j}\cos\alpha \tag{6-29}$$

式中，$L$ 为达到设计深度的钻孔长度，m；$L'$ 为未达到设计深度的钻孔长度，m。

某矿 N2105 工作面回风顺槽长 2 400 m，垂直煤壁钻孔卸压瓦斯抽采量为 452.1 $m^3$，钻孔间距 2.5 m，假设未达到设计深度的钻孔实际深度平均为 141.5 m，考虑钻孔成孔率及盲区的不同偏角下的卸压瓦斯抽采总量如图 6-9 所示。

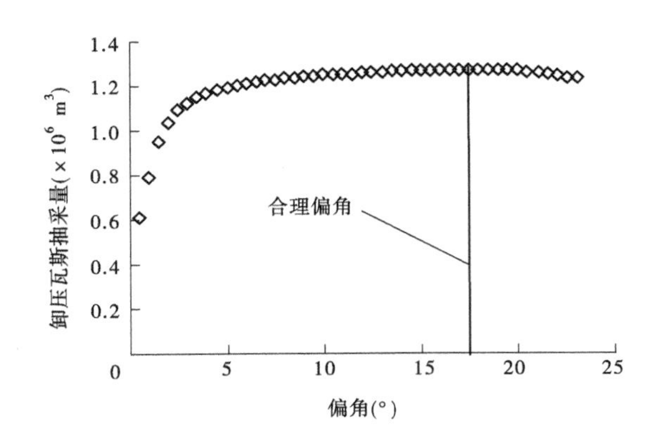


图 6-9　不同偏角下的卸压瓦斯抽采总量

由图 6-9 可以看出，在偏角较小时，考虑钻孔成孔率及盲区的不同偏角下的卸压瓦斯抽采量随偏角的增大迅速增大，随着偏角的继续增大，卸压瓦斯抽采增加量逐渐减小，在偏角为 17.5°时，卸压瓦斯抽采量达到最大值，偏角大于 17.5°时，卸压瓦斯抽采量开始下降。

## 6.4　本章小结

（1）采煤工作面前方煤体的应力变化是铅直应力与水平应力动态变化的过程，伴随着铅直应力的增降以及水平应力的降低。理论分析和试验研究表明，卸轴压和围压更易于煤体的破坏，证实了在采煤工作面前方煤体存在卸压区，形成瓦斯运移宏观通道，为工作面前方煤体卸压瓦斯抽采提供了依据。

（2）采用钻孔应力传感器现场实测了工作面前方煤体应力分布，并考察了瓦斯流量随工作面推进变化过程，得到了卸压区和支承压力区范围，分别为 0 ~ 4.5 m、4.5 ~ 45 m。卸压区煤体渗透率增加，单孔瓦斯流量是原始应力区的 2 ~ 3 倍，平均为 0.9 $m^3$/min，与相关理论和试验的卸压增透效应相一致。

（3）根据本煤层钻孔失效距离及卸压区宽度，给出了不同偏角下的钻孔卸压瓦斯抽采量计算公式。结合 N2105 工作面现场实际条件，钻孔偏角最大为 21.4°。相比原垂直煤壁钻孔，单孔卸压瓦斯抽采量预期可增加 978.5 $m^3$，延长了钻孔在卸压区内的服务时间，从而提高本煤层瓦斯抽采率。

(4)基于钻孔成孔率及盲区对合理偏角进行了优化,不同钻孔偏角下的卸压瓦斯抽采量随偏角的增大迅速增大,随着钻孔偏角的继续增大,钻孔卸压瓦斯抽采增加量逐渐减小,在钻孔偏角为 17.5°时,钻孔卸压瓦斯抽采量达到最大值,钻孔偏角大于 17.5°,钻孔卸压瓦斯抽采量开始下降。

# 第 7 章　结论与展望

（1）通过对煤的单轴及不同加卸载条件下的三轴压缩试验，分析了煤的应力—应变特征、强度特征、变形破坏特征。在常规三轴试验中，随着初始围压的增加，煤的峰值强度增大，黏聚力增大，内摩擦角减小；且随着围压的增加，破断角减小，围压越高，破坏程度越强烈，剪切面越不明显；与常规三轴试验相比，在初始围压相同的情况下，煤样在卸围压时更容易发生失稳破坏，且破坏更强烈，破坏后的侧向应变较大，而对轴向应变影响不明显；相比常规三轴试验，在加卸载试验中，煤样破坏更剧烈，破碎程度更大，且变形随着初始围压的增大而增大。与常规三轴试验相比，加卸载条件下，相同初始围压时，抗压强度降低，因此更容易破坏。

（2）理论分析了煤的 C/D 边界的应力空间形态，并通过不同围压下的三轴试验得到某矿煤的 C/D 边界。扩容边界把煤的应力—应变过程分为压缩阶段和扩容阶段。在压缩阶段，渗透率降低，试件的渗透率与有效应力曲线更符合公式 $k = k_0[1-(\sigma_e/s)^{1/t}]^2$；在扩容阶段，渗透率增大，当围压较低时，试件的渗透率与有效应力曲线符合二项式模型，当围压较高时，试件的渗透率与有效应力曲线符合公式 $k = k_{C/D}(1+ce^{-d\sigma_e})$。初始围压的增大使应力峰值提高，扩容边界上的轴向应力增大，同时应力比增大；随着初始围压的增大，扩容边界上的渗透率呈减小趋势。而瓦斯压力增大导致煤的裂隙扩展提前，即 C/D 边界发生得越早，同时强度也有所降低。

（3）根据卸压区水平方向的应力平衡方程，结合 Mohr - Coulomb 准则，推导了包含孔隙瓦斯压力的卸压区宽度计算公式。煤层采深越深，采厚越厚，卸压区宽度越宽，煤的黏聚力和内摩擦角越大，卸压区宽度越窄。瓦斯压力在水平方向对卸压区影响较大，有促进作用，当瓦斯压力较小时，随瓦斯压力的增大卸压区增加幅度较慢；当瓦斯压力较大时，随瓦斯压力的增大卸压区增加幅度较快。Biot 系数对卸压区宽度影响较小，可以忽略。结合某矿 N2105 工作面相关参数值，理论计算出采煤工作面前方卸压区宽度为 4.7 m。现场实测得到 N2105 采煤工作面前方卸压区宽度实测值为 4.5 m，与理论计算值基本吻合。

（4）基于孔隙率动态变化模型，根据 Kozeny - Carman 方程，并考虑煤基质变化过程中表面积变化，推导了包含初始渗透率、体积应变、初始孔隙率、瓦斯压力的渗透率方程。根据质量守恒方程和 Darcy 定律，给出了采煤工作面前方煤体变形—瓦斯运移方程，根据莫尔 - 库仑准则、孔隙率变化方程、渗透率变化方程及煤体变形—瓦斯运移方程，采用 COMSOL Multiphysics 数值模拟软件分析了采煤工作面前方煤体应力变化、渗透率变化、瓦斯压力变化。结果表明：工作面前方应力分布规律与现场测试基本一致；工作面前方卸压区范围与理论计算相一致；工作面前方渗透率变化与现场实测瓦斯流量一致；瓦斯压力随距离工作面增加逐渐上升，直至趋近于原始瓦斯压力大小。随着时间的推移，卸压区范围有所扩大，渗透率最小值向工作面前方远处转移，瓦斯压力卸压影响范围逐步扩大。

（5）现场实测了某矿采煤工作面前方煤体应力分布，得到了卸压区为 0 ~ 4.5 m。同时考察了瓦斯流量随工作面推进变化过程，卸压区煤体渗透率增加，单孔瓦斯流量是原始应力区的2～3倍，平均为0.9 $m^3$/min，与相关理论和试验的卸压增透效应相一致。

(6)根据本煤层钻孔失效距离及卸压区宽度，给出了不同偏角下的钻孔卸压瓦斯抽采量计算公式。在钻孔卸压瓦斯抽采量计算公式基础上，结合钻孔成孔率及盲区对合理偏角进行了优化，不同偏角下的卸压瓦斯抽采量随偏角的增大迅速增大，随着偏角的继续增大，卸压瓦斯抽采增加量逐渐减小，合理偏角为17.5°。

本书通过煤的力学试验和三轴应力试验，考虑孔隙瓦斯压力的卸压区范围理论分析，基于渗透率动态变化方程的数值模拟以及采面煤壁前方应力分布、瓦斯流量的观测，在煤体采动卸压和瓦斯运移相关性研究方面进行了一些有益的探索，也得到一些基本规律，并在相关研究的基础上进行了钻孔偏角的优化，但本书研究还存在以下不足之处：

(1)本书所做试验是在假三轴试验基础上进行的，包括理论分析均未考虑中间主应力的影响，这与现实条件下煤的压缩破坏及渗流结果产生一定的差距。应在大尺寸真三轴试验基础上建立考虑中间主应力的数学模型。

(2)工作面前方煤体变形破坏经历了弹性变形、塑性变形及滑移破坏过程。本书采用体积应变把几种过程简单统一起来，虽然取得了与现场一致的结果，但理论分析难免不够充分，须进一步研究。

(3)工作面前方钻孔卸压瓦斯抽采量计算以及偏角优化是在一定条件和假设下的，如未考虑钻孔直径、把未达到设计的钻孔深度进行简单的统一等。有些因素并未考虑，如钻孔成本(单米钻进成本以及因卡钻丢钻而造成的钻杆钻头损失)、钻孔施工时间成本等，因此今后还须对合理的钻孔偏角进行进一步的探讨。

# 参考文献


[1] 俞启香. 矿井瓦斯防治[M]. 徐州:中国矿业大学出版社,1992.

[2] 钱鸣高,刘听成. 矿山压力及其控制:修订本[M]. 北京:煤炭工业出版社,1991.

[3] 于不凡. 煤矿瓦斯灾害防治及利用技术手册[M]. 北京:煤炭工业出版社,2000.

[4] 俞启香,王凯,杨胜强. 中国采煤工作面瓦斯涌出规律及其控制研究[J]. 中国矿业大学学报,2000,29(1):9-14.

[5] 俞茂宏. 强度理论百年总结 [J]. 力学进展, 2004, 34(4): 529-560.

[6] Griffith A A. The phenomena of rupture and flow in solids[J]. Philosophical transactions of the royal society of london. Series A, containing papers of a mathematical or physical character, 1921: 163-198.

[7] Griffith A A. The theory of rupture proceeding of 1st International congress applied Mechanics[J]. 1 st Delft,1924:55-63.

[8] 周群力. 混凝土重力坝与基岩胶结面用断裂力学方法进行计算的探讨[J]. 水文地质工程地质,1979(6):21-31.

[9] 蔡美峰,何满潮,刘东燕. 岩石力学与工程[M]. 北京:科学出版社,2002.

[10] Hoek E, Brown E T. Empirical strength criterion for rock masses [J]. Journal of Geotechnical and Geoenvironmental Engineering,ASCE,1980,106(9):1013-1035.

[11] Hoek E, Wood D, Shah S. A modified Hoek-Brown criterion for jointed rock masses [C]// HUDSON J A ed. Proceedings of the Rock Characterization, Symposium of ISRM. London: British Geotechnical Society,1992:209-214.

[12] Singh B, GOEL R K, MEHROTRA V K, et al. Effect of intermediate principal stress on strength of anisotropic rock mass [J]. Tunnelling and Underground Space Technology, 1998,13(1):71-79.

[13] Murrell S A F. The effect of triaxial stress systems on the strength of rock at atmospheric temperatures [J]. Geophysical Journal International, 1965, 10(3): 231-281.

[14] Bieniawski Z T. Estimating the strength of rock materials [J]. Journal of the South African Institute of Mining and Metallurgy, 1974, 4(8): 312-320.

[15] Ryunoshin Yoshinaka, Tadashi Yamabe. A strength criterion of rocks and rock masses [J]. In: Proc. of the International Symposium on Weak Rock. Tokyo: 1981, 613-618.

[16] 刘宝琛,崔志莲,涂继飞. 幂函数型岩石强度准则研究[J]. 岩石力学与工程学报, 1997,16(5):39-46.

[17] Yu Maohong. Twin shear stress yield criterion [J]. Int. J. of Mechanical Sciences, 1983, 25(1): 71-74.

[18] 俞茂宏. 双剪理论及其应用[M]. 北京: 科学出版社, 1998.

[19] 卡斯特奈(H. Kastner)(1971),隧道与坑道静力学[M].同济大学(1978),译.上海:上海科学技术出版社,1980.

[20] 任青文,张宏朝. 关于芬纳公式的修正[J]. 河海大学学报:自然科学版,2001,29(6):109-111.

[21] 郑颖人,刘怀恒. 隧洞粘弹塑性分析及其在锚喷支护中的应用[J]. 土木工程学报,1982(4):73-78.

[22] 马念杰,张益东. 圆形巷道围岩变形压力新解法[J]. 岩石力学与工程学报,1996,15(1):84-89.

[23] 翟所业,贺宪国. 巷道围岩塑性区的德鲁克－普拉格准则解[J]. 地下空间与工程学报,2005,1(2):223-226.

[24] 熊仁钦. 关于煤壁内塑性区宽度的讨论[J]. 煤炭学报,1989,3(1):16-22.

[25] 赵国旭,谢和平,马伟民. 宽厚煤柱的稳定性研究[J]. 辽宁工程技术大学学报,2004,23(1):38-40.

[26] 秦帅,宋宏伟,杜晓丽,等. 松动圈围岩支护理论的研究与应用现状[J]. 西部探矿工程,2011,23(12):105-110.

[27] 周希圣,宋宏伟. 国外围岩松动圈支护理论研究概况[J]. 建井技术,1994,4(5):67-71.

[28] 董方庭,宋宏伟,郭志宏,等. 巷道围岩松动圈支护理论[J]. 煤炭学报,1994,19(1):21-32.

[29] 靖洪文,宋宏伟,郭志宏. 软岩巷道围岩松动圈变形机理及控制技术研究[J]. 中国矿业大学学报,1999,28(6):43-47.

[30] 陈建功,贺虎,张永兴. 巷道围岩松动圈形成机理的动静力学解析[J]. 岩土工程学报,2011,33(12):1964-1968.

[31] 宋宏伟,王闯,贾颖绚. 用地质雷达测试围岩松动圈的原理与实践[J]. 中国矿业大学学报,2002,31(4):43-46.

[32] 靖洪文,李元海,梁军起,等. 钻孔摄像测试围岩松动圈的机理与实践[J]. 中国矿业大学学报,2009,38(5):645-649.

[33] 靖洪文,付国彬,郭志宏. 深井巷道围岩松动圈影响因素实测分析及控制技术研究[J]. 岩石力学与工程学报,1999,18(1):71-75.

[34] 戚承志,钱七虎,王明洋,等. 分区破裂化现象的研究进展[J]. 解放军理工大学学报:自然科学版,2011,12(5):472-479.

[35] 钱七虎,李树忱. 深部岩体工程围岩分区破裂化现象研究综述[J]. 岩石力学与工程学报,2008,27(6):1278-1284.

[36] 顾金才. 深部开挖洞周围岩分区破裂化机理分析与试验验证[C]//中国科学技术协会学会学术部. 新观点新学说学术沙龙文集21:深部岩石工程围岩分区破裂化效应,2008:6.

[37] 李术才,王汉鹏,钱七虎,等. 深部巷道围岩分区破裂化现象现场监测研究[J]. 岩石力学与工程学报,2008,27(8):1545-1553.

[38] 王明洋,宋华,郑大亮,等. 深部巷道围岩的分区破裂机制及“深部”界定探讨[J]. 岩石力学与工程学报,2006,25(9):1771-1776.

[39] 贺永年,蒋斌松,韩立军,等. 深部巷道围岩间隔性区域断裂研究[J]. 中国矿业大学学报,2008,37(3):300-304.

[40] 张强勇,陈旭光,林波,等. 深部巷道围岩分区破裂三维地质力学模型试验研究[J]. 岩石力学与工程学报,2009,28(9):1757-1766.

[41] 戚承志,钱七虎,王明洋. 深部巷道围岩变形破坏的时间过程及支护[C]// 中国岩石力学与工程学会工程安全与防护分会. 第一届全国工程安全与防护学术会议论文集,2008:9.

[42] 周小平,钱七虎. 深埋巷道分区破裂化机制[J]. 岩石力学与工程学报,2007,26(5):877-885.

[43] 袁亮,顾金才,薛俊华,等. 深部围岩分区破裂化模型试验研究[J]. 煤炭学报,2014,39(6):987-993.

[44] 顾金才,顾雷雨,陈安敏,等. 深部开挖洞室围岩分层断裂破坏机制模型试验研究[J]. 岩石力学与工程学报,2008,27(3):433-438.

[45] A. Fick. Annalen der Phyik und Chemie, 1855.

[46] 聂百胜,何学秋,王恩元. 瓦斯气体在煤孔隙中的扩散模式[J]. 矿业安全与环保,2000,27(5):14-16.

[47] Doremus R H. Diffusion of Reactive Molecules in Solids and Melts, John Wiley and Sons, Inc., 2002.

[48] 杨其銮. 煤屑瓦斯扩散理论及其应用[J]. 煤炭学报,1986,11(3):62-70.

[49] 杨其銮,王佑安. 瓦斯球向流动的数学模型[J]. 中国矿业大学学报,1988(4):44-48.

[50] 郭勇义,吴世跃. 煤粒瓦斯扩散及扩散系数测定方法的研究[J]. 山西矿业学院学报,1997,15(1):15-20.

[51] 秦跃平,王翠霞,王健,等. 煤粒瓦斯放散数学模型及数值解算[J]. 煤炭学报,2012,37(9):1466-1471.

[52] 聂百胜,王恩元,郭勇义,等. 煤粒瓦斯扩散的数学物理模型[J]. 辽宁工程技术大学学报:自然科学版,1999,18(6):582-585.

[53] 聂百胜,郭勇义,吴世跃,等. 煤粒瓦斯扩散的理论模型及其解析解[J]. 中国矿业大学学报,2001,30(1):21-24.

[54] 周世宁,林柏泉. 煤层瓦斯赋存与流动理论[M]. 北京:煤炭工业出版社,1999.

[55] 孙培德. 煤层瓦斯流场流动规律的研究[J]. 煤炭学报,1987,12(4):74-82.

[56] 赵阳升,胡耀青,杨栋,等. 三维应力下吸附作用对煤岩体气体渗流规律影响的实验研究[J]. 岩石力学与工程学报,1999,18(6):651-653.

[57] 周世宁. 瓦斯在煤层中流动的机理[J]. 煤炭学报,1990,15(1):61-74.

[58] 周世宁. 煤层透气系数的测定和计算[J]. 中国矿业学院学报,1980(1):1-5.

[59] 周世宁. 从钻孔瓦斯压力上曲线计算煤层透气系数的方法[J]. 中国矿业学院学报,1982(3):8-15.

[60] 周世宁. 用电子计算机对两种测定煤层透气系数方法的检验[J]. 中国矿业学院学报,1984,2(3):46-51.

[61] Swan G. Determination of stiffness and other joint properties from roughness measurements [J]. Rock Mechanics and Rock Engineering, 1983, 16(1): 19-38.

[62] Gangi A F. Variation of whole and fractured porous rock permeability with confining pressure[C]//International Journal of Rock Mechanics and Mining Sciences & Geomechanics Abstracts. Pergamon, 1978, 15(5): 249-257.

[63] 梁冰. 煤和瓦斯突出固流耦合失稳理论[M]. 北京:地质出版社,2000.

[64] 缪协兴,刘卫群,陈占清. 采动岩体渗流理论[M]. 北京:科学出版社,2004.

[65] 尹光志,黄启翔,张东明,等. 地应力场中含瓦斯煤岩变形破坏过程中瓦斯渗透特性的试验研究[J]. 岩石力学与工程学报,2010,29(2):336-343.

[66] Harpalani S, Chen G. Influence of gas production induced volumetric strain on permeability of coal [J]. Geotechnical & Geological Engineering, 1997, 15(4): 303-325.

[67] 郑哲敏,丁雁生. 从数量级和量纲分析看煤与瓦斯突出,力学与建设[M]. 北京:北京大学出版社,1982.

[68] Terzaghi K. Theoretical soil mechanics [J]. 1943.

[69] Biot M A. General theory of three-dimensional consolidation [J]. Journal of Applied Physics, 1941, 12(2): 155-164.

[70] Verruijt A. Theory of groundwater flow [J]. 1970.

[71] Somerton W H, Söylemezolu I M, Dudley R C. Effect of stress on permeability of coal [C]//International journal of rock mechanics and mining sciences & geomechanics abstracts. Pergamon, 1975, 12(5): 129-145.

[72] Durucan S, Edwards J S. The effects of stress and fracturing on permeability of coal[J]. Mining Science and Technology, 1986, 3(3): 205-216.

[73] Seidle J P, Jeansonne M W, Erickson D J. Application of matchstick geometry to stress dependent permeability in coals[J]. Paper SPE, 1992, 24361: 18-21.

[74] Seidle J P, Huitt L G. Experimental measurement of coal matrix shrinkage due to gas desorption and implications for cleat permeability increases[J]. Paper SPE, 1995, 30010: 14-17.

[75] Ian Palmer S P E, Mansoori J. How permeability depends on stress and pore pressure in coalbeds: a new model[J]. SPE Reservoir Evaluation & Engineering, 1998.

[76] Pekot L J, Reeves S R. Modeling coal matrix shrinkage and differential swelling with $CO_2$ injection for enhanced coalbed methane recovery and carbon sequestration applications[J]. Topical Report, US Department of Energy, 2002.

[77] Gilman A, Beckie R. Flow of coal-bed methane to a gallery[J]. Transport in Porous Media, 2000, 41(1): 1-16.

[78] Perera M S A, Ranjith P G, Choi S K. Coal cleat permeability for gas movement under triaxial, non-zero lateral strain condition: A theoretical and experimental study[J]. Fu-

el, 2013, 109: 389-399.

[79] 赵阳升. 煤体－瓦斯耦合数学模型及数值解法[J]. 岩石力学与工程学报,1994,13(3):229-239.

[80] 赵阳升,胡耀青,康天合. 煤体－瓦斯耦合理论研究[C]//中国岩石力学与工程学会青年工作委员会.第二届全国青年岩石力学与工程学术研讨会论文集,1993:6.

[81] 梁冰,章梦涛,王泳嘉. 煤层瓦斯渗流与煤体变形的耦合数学模型及数值解法[J]. 岩石力学与工程学报,1996,15(2):40-47.

[82] 梁冰,章梦涛. 从煤和瓦斯的耦合作用及煤的失稳破坏看突出的机理[J]. 中国安全科学学报,1997,7(1):9-12.

[83] 孙培德. 变形过程中煤样渗透率变化规律的实验研究[J]. 岩石力学与工程学报,2001,20(1):1801-1804.

[84] 孙培德. 煤层气越流固气耦合数学模型的 SIP 分析[J]. 煤炭学报,2002,27(5):494-498.

[85] 孙培德,万华根. 煤层气越流固－气耦合模型及可视化模拟研究[J]. 岩石力学与工程学报,2004,23(7):1179-1185.

[86] 吴世跃. 煤层气与煤层耦合运动理论及其应用的研究[D].沈阳:东北大学,2006.

[87] 唐巨鹏,潘一山,李成全,等. 固流耦合作用下煤层气解吸－渗流实验研究[J]. 中国矿业大学学报,2006,35(2):274-278.

[88] 许江,彭守建,尹光志,等. 含瓦斯煤热流固耦合三轴伺服渗流装置的研制及应用[J]. 岩石力学与工程学报,2010,29(5):907-914.

[89] 尹光志,蒋长宝,许江,等. 含瓦斯煤热流固耦合渗流实验研究[J]. 煤炭学报,2011,36(9):1495-1500.

[90] 曹树刚,刘延保,李勇,等. 煤岩固－气耦合细观力学试验装置的研制[J]. 岩石力学与工程学报,2009,28(8):1681-1690.

[91] Robinson Jr L H. Effects of Pore and Confining Pressures on Failure Characteristics of Sedimentary Rocks [J]. 1959

[92] Serdengecti S, Boozer G D. The effects of strain rate and temperature on the behavior of rocks subjected to triaxial compression[C]//Proceedings of the Fourth Symposium on Rock Mechanics,1961: 83-97.

[93] Brace W F, Paulding B W, Scholz C H. Dilatancy in the fracture of crystalline rocks [J]. Journal of Geophysical Research, 1966, 71(16): 3939-3953.

[94] Hobbs D W. A study of the behaviour of a broken rock under triaxial compression, and its application to mine roadways[C]//International Journal of Rock Mechanics and Mining Sciences & Geomechanics Abstracts. Pergamon, 1966, 3(1): 11-43.

[95] Mogi K. Fracture and flow of rocks under high triaxial compression[J]. Journal of Geophysical Research, 1971, 76(5): 1255-1269.

[96] Logan J M, Handin J. Triaxial compression testing at intermediate strain rates[C]//The 12th US Symposium on Rock Mechanics (USRMS). American Rock Mechanics Associa-

tion, 1970.

[97] Hallbauer D K, Wagner H, Cook N G W. Some observations concerning the microscopic and mechanical behaviour of quartzite specimens in stiff, triaxial compression tests [C]//International Journal of Rock Mechanics and Mining Sciences & Geomechanics Abstracts. Pergamon, 1973, 10(6): 713-726.

[98] 任建喜,杨更社,葛修润. 裂隙花岗岩卸围压作用下损伤破坏机理 CT 检测[J]. 长安大学学报:自然科学版,2002,22(6):46-49.

[99] 苏承东,翟新献,李永明,等. 煤样三轴压缩下变形和强度分析[J]. 岩石力学与工程学报,2006,25(2):2963-2968.

[100] Xu J, Peng S, Yin G, et al. Development and application of triaxial servo-controlled seepage equipment for thermo-fluid-solid coupling of coal containing methane[J]. Chinese Journal of Rock Mechanics and Engineering, 2010, 5: 009.

[101] 尹光志,李广治,赵洪宝,等. 煤岩全应力—应变过程中瓦斯流动特性试验研究[J]. 岩石力学与工程学报,2010,29(1):170-175.

[102] 尤明庆,华安增. 岩石试样的三轴卸围压试验[J]. 岩石力学与工程学报,1998,17(1):24-29.

[103] 王在泉,张黎明,孙辉,等. 不同卸荷速度条件下灰岩力学特性的实验研究[J]. 岩土力学,2011,32(4) : 1045-1050.

[104] 邱士利,冯夏庭,张传庆,等. 不同初始损伤和卸荷路径下深埋大理岩卸荷力学特性试验研究[J]. 岩石力学与工程学报,2012,31(8):1686-1697.

[105] 邱士利,冯夏庭,张传庆,等. 不同卸围压速率下深埋大理岩卸荷力学特性试验研究[J]. 岩石力学与工程学报,2010,29(9):1807-1817.

[106] 张凯,周辉,潘鹏志,等. 不同卸荷速率下岩石强度特性研究[J]. 岩土力学,2010,31(7):2072-2078.

[107] 吕有厂,秦虎. 含瓦斯煤岩卸围压力学特性及能量耗散分析[J]. 煤炭学报,2012,37(9):1505-1510.

[108] 杨文东,张强勇,陈芳,等. 不同应力路径下卸围压流变试验分析及模型辨识[J]. 中南大学学报:自然科学版,2012,43(5):1885-1893.

[109] 华安增,孔园波,李世平,等. 岩块降压破碎的能量分析[J]. 煤炭学报,1995,20(4):389-392.

[110] 黄达,谭清,黄润秋. 高围压卸荷条件下大理岩破碎块度分形特征及其与能量相关性研究[J]. 岩石力学与工程学报,2012,31(7):1379-1389.

[111] 黄润秋,黄达. 高地应力条件下卸荷速率对锦屏大理岩力学特性影响规律试验研究[J]. 岩石力学与工程学报,2010,29(1):21-33.

[112] 苏承东,高保彬,南华,等. 不同应力路径下煤样变形破坏过程声发射特征的试验研究[J]. 岩石力学与工程学报,2009,28(4):757-766.

[113] 王明洋,范鹏贤,李文培. 岩石的劈裂和卸载破坏机制[J]. 岩石力学与工程学报,2010,29(2):234-240.

[114] 尹光志,王浩,张东明. 含瓦斯煤卸围压蠕变试验及其理论模型研究[J]. 煤炭学报,2011,36(12):1963-1967.
[115] 蒋长宝,黄滚,黄启翔. 含瓦斯煤多级式卸围压变形破坏及渗透率演化规律实验[J]. 煤炭学报,2011,36(12):2039-2042.
[116] 钱鸣高,石平五. 矿山压力与岩层控制[M]. 徐州: 中国矿业大学出版社,2003.
[117] Cristescu N. Plasticity of compressible/dilatant rocklike materials[J]. International Journal of Engineering Science, 1985, 23(10): 1091-1100.
[118] Jin J, Cristescu N D. An elastic/viscoplastic model for transient creep of rock salt[J]. International Journal of Plasticity, 1998, 14(1): 85-107.
[119] Alkan H, Cinar Y, Pusch G. Rock salt dilatancy boundary from combined acoustic emission and triaxial compression tests [J]. International Journal of Rock Mechanics and Mining Sciences, 2007, 44(1): 108-119.
[120] Naumann M, Hunsche U, Schulze O. Experimental investigations on anisotropy in dilatancy, failure and creep of Opalinus Clay[J]. Physics and Chemistry of the Earth, Parts A/B/C, 2007, 32(8): 889-895.
[121] Gray I. Reservoir engineering in coal seams: Part 1-The physical process of gas storage and movement in coal seams[J]. SPE Reservoir Engineering, 1987, 2(01): 28-34.
[122] Hunsche U, Hampel A. Rock salt—the mechanical properties of the host rock material for a radioactive waste repository[J]. Engineering Geology, 1999, 52(3): 271-291.
[123] Schulze O, Popp T, Kern H. Development of damage and permeability in deforming rock salt[J]. Engineering Geology, 2001, 61(2): 163-180.
[124] Mahnken R, Kohlmeier M. Finite element simulation for rock salt with dilatancy boundary coupled to fluid permeation [J]. Computer Methods in Applied Mechanics and Engineering, 2001, 190(32): 4259-4278.
[125] 尹光志,李广治,赵洪宝,等. 煤岩全应力—应变过程中瓦斯流动特性试验研究[J]. 岩石力学与工程学报,2010(1):170-175.
[126] Connell L D, Lu M, Pan Z. An analytical coal permeability model for triaxial strain and stress conditions[J]. International Journal of Coal Geology, 2010, 84(2): 103-114.
[127] Durucan S, Edwards J S. The effects of stress and fracturing on permeability of coal [J]. Mining Science and Technology, 1986, 3(3): 205-216.
[128] Wang J A, Park H D. Fluid permeability of sedimentary rocks in a complete stress-strain process [J]. Engineering Geology, 2002, 63(3): 291-300.
[129] Bear J. Dynamics of fluids in porous media[M]. Courier Dover Publications, 2013.
[130] Cristescu N. A procedure to determine nonassociated constitutive equations for geomaterials[J]. International Journal of Plasticity, 1994, 10(2): 103-131.
[131] 陈剑文,杨春和,郭印同. 基于盐岩压缩-扩容边界理论的盐岩储气库密闭性分析研究[J]. 岩石力学与工程学报,2009,28(S2):3302-3308.
[132] 赵阳升,胡耀青. 孔隙瓦斯作用下煤体有效应力规律的实验研究[J]. 岩土工程学

报,1995,17(3):26-31.

[133] 周世宁,林柏泉. 煤层瓦斯赋存与流动理论[M]. 北京:煤炭工业出版社,1999.

[134] Swan G. Determination of stiffness and other joint properties from roughness measurements [J]. Rock Mechanics and Rock Engineering, 1983, 16(1): 19-38.

[135] Gangi A F. Variation of whole and fractured porous rock permeability with confining pressure[C]//International Journal of Rock Mechanics and Mining Sciences & Geomechanics Abstracts. Pergamon, 1978, 15(5): 249-257.

[136] 梁冰.煤和瓦斯突出固流耦合失稳理论[M].北京:地质出版社,2000.

[137] 缪协兴,刘卫群,陈占清.采动岩体渗流理论[M].北京:科学出版社,2004.

[138] 尹光志,黄启翔,张东明,等. 地应力场中含瓦斯煤岩变形破坏过程中瓦斯渗透特性的试验研究[J]. 岩石力学与工程学报,2010,29(2):336-343.

[139] 姚国圣,李镜培,谷栓成. 考虑岩体扩容和塑性软化的软岩巷道变形解析[J].岩土力学,2009,30(2):463-467.

[140] 陈旭光,张强勇. 高应力深部洞室模型试验分区破裂现象机制的初步研究[J]. 岩土力学,2011,32(1):84-90.

[141] 卞跃威,夏才初,肖维民,等. 考虑围岩软化特性和应力释放的圆形隧道黏弹塑性解[J]. 岩土力学,2013,34(1):211-220.

[142] 卡斯特奈(H. Kastner).隧道与坑道静力学[M].同济大学(1978),译.上海:上海科学技术出版社,1980.

[143] 任青文,张宏朝. 关于芬纳公式的修正[J]. 河海大学学报(自然科学版),2001,29(6):109-111.

[144] 郑颖人,刘怀恒. 隧洞粘弹塑性分析及其在锚喷支护中的应用[J]. 土木工程学报,1982,04:73-78.

[145] 马念杰,张益东. 圆形巷道围岩变形压力新解法[J]. 岩石力学与工程学报,1996,15(1):84-89.

[146] 袁文伯,陈进. 软化岩层中巷道的塑性区与破碎区分析[J]. 煤炭学报,1986(3):77-86.

[147] 翟所业,贺宪国. 巷道围岩塑性区的德鲁克-普拉格准则解[J]. 地下空间与工程学报,2005,1(2):223-226.

[148] 熊仁钦. 关于煤壁内塑性区宽度的讨论[J]. 煤炭学报,1989,3(1):16-22.

[149] 赵国旭,谢和平,马伟民. 宽厚煤柱的稳定性研究[J]. 辽宁工程技术大学学报,2004,23(1):38-40.

[150] 郑桂荣,杨万斌. 煤巷煤体破裂区厚度的一种计算方法[J]. 煤炭学报,2003,28(1):37-40.

[151] 于远祥,洪兴,陈方方. 回采巷道煤体荷载传递机理及其极限平衡区的研究[J]. 煤炭学报,2012,37(10):1630-1636.

[152] 侯朝炯,马念杰. 煤层巷道两帮煤体应力和极限平衡区的探讨[J]. 煤炭学报,1989,14(4):21-29.

[153] 林柏泉,周世宁,张仁贵. 煤巷卸压带及其在煤和瓦斯突出危险性预测中的应用[J]. 中国矿业大学学报,1993,22(4):47-55.

[154] Biot M A,Willis D G. The elastic cofficients of the theory of cosolidation [J]. Jappl-Mech 1957, 24: 594-601.

[155] Robinson Jr L H. Effects of Pore and Confining Pressures on Failure Characteristics of Sedimentary Rocks [J]. SPE, 1959:1096-1104.

[156] Skempton A W. Effective stress in solis, concret, and rock, pore pressure and suction, butterworths, London, 1960:4-16.

[157] Nur A,By erlee J D. An exact effective stress law for elastic deformation of rock with fluids [J]. Geophys Res, 1971, 76(26): 6414-6419.

[158] Walsh J B. Effect of pore pressure and confining pressure on fracture permeability [J]. International Journal of Rock Mechanics and Mining Sciences & Geomechanics Abstracts, 1981, 18(3): 429-435.

[159] 林柏泉,周世宁. 煤巷卸压槽及其防突作用机理的初步研究[J]. 岩土工程学报,1995,17(3):32-38.

[160] 申卫兵,张保平. 不同煤阶煤岩力学参数测试[J]. 岩石力学与工程学报,2000,19(S1):860-862.

[161] 李晋平. 综放沿空留巷技术及其在潞安矿区的应用[D]. 北京:煤炭科学研究总院,2005.

[162] 王凯,郑吉玉,夏威,等. 工作面采动煤体卸压增透效应研究与应用[J]. 煤炭科学技术,2014,42(6):65-70.

[163] 张子敏. 瓦斯地质学[M]. 徐州: 中国矿业大学出版社, 2009.

[164] 秦跃平,王丽,李贝贝,等. 压缩实验煤岩孔隙率变化规律研究[J]. 矿业工程研究,2010,25(1):1-3.

[165] 伍向阳,陈祖安,孙德明,等. 静水压力下砂岩孔隙率变化实验研究[J]. 地球物理学报,1995,38(S1):275-280.

[166] 金浏,杜修力. 孔隙率变化规律及其对混凝土变形过程的影响[J]. 工程力学,2013,30(6):183-190.

[167] 陈占清,李顺才,茅献彪,等. 饱和含水石灰岩散体蠕变过程中孔隙率变化规律的试验[J]. 煤炭学报,2006,31(1):26-30.

[168] 冉启全,李士伦. 流固耦合油藏数值模拟中物性参数动态模型研究[J]. 石油勘探与开发,1997,24(3):61-65.

[169] 段品佳,王芝银. 煤岩孔隙率与渗透率变化规律试验研究[J]. 地下空间与工程学报,2013,9(6):1283-1288.

[170] 郝富昌. 基于多物理场耦合的瓦斯抽采参数优化研究[D]. 北京:中国矿业大学(北京),2012.

[171] 陶云奇. 含瓦斯煤 THM 耦合模型及煤与瓦斯突出模拟研究[D]. 重庆:重庆大学,2009.

[172] 李波. 受载含瓦斯煤渗流特性及其应用研究[D]. 北京:中国矿业大学(北京),2013.
[173] 李祥春. 煤层瓦斯渗流过程中流固耦合问题研究[D]. 太原:太原理工大学,2005.
[174] Bear, J, 1972. Dynamics of Fluid in Porous Media. Elsevier, New York.
[175] Kozeny, J, 1927. Ueber Kapillare Leitung des Wassers im Boden. Stizungsber. Akad. Wiss. Wien 136, 271-306.
[176] Carman, P C, 1937. Fluid flow through granular beds. Trans. Inst. Chem. Eng. 15, 150-167.
[177] 孙培德,杨东全,陈奕柏. 多物理场耦合模型及数值模拟导论[M]. 北京:中国科学技术出版社,2007.
[178] 毕安林. 屯留煤矿瓦斯基础参数测定及工作面瓦斯涌出量预测[J]. 山西煤炭管理干部学院学报,2011,24(2):36-39.
[179] 宋志刚. 潞安屯留矿低渗煤层瓦斯抽采技术研究[D]. 焦作:河南理工大学,2009.
[180] 李树刚,刘志云. 综放面矿山压力与瓦斯涌出监测研究[J]. 矿山压力与顶板管理,2002,19(1):100-103.
[181] 梁冰,章梦涛,王泳嘉. 煤层瓦斯渗流与煤体变形的耦合数学模型及数值解法[J]. 岩石力学与工程学报,1996,15(2):40-47.
[182] 黄伟,孔海陵,杨敏. 煤层变形与瓦斯运移耦合系统的数值响应[J]. 采矿与安全工程学报,2010,27(2):223-227.
[183] 张勇,许力峰,刘珂铭,等. 采动煤岩体瓦斯通道形成机制及演化规律[J]. 煤炭学报,2012,37(9):1444-1450.
[184] 林柏泉,周世宁. 煤样瓦斯渗透率的试验研究[J]. 中国矿业大学学报,1987,16(1):21-28.
[185] 任建喜,葛修润,蒲毅彬,等. 岩石卸荷损伤演化机理 CT 实时分析初探[J]. 岩石力学与工程学报,2000,19(6):697-701.
[186] 尹光志,李广治,赵洪宝,等. 煤岩全应力—应变过程中瓦斯流动特性试验研究[J]. 岩石力学与工程学报,2010,29(1):170-175.
[187] 尹光志,蒋长宝,王维忠,等. 不同卸围压速度对含瓦斯煤岩力学和瓦斯渗流特性影响试验研究[J]. 岩石力学与工程学报,2011,30(1):68-77.
[188] 汪有刚,李宏艳,齐庆新,等. 采动煤层渗透率演化与卸压瓦斯抽放技术[J]. 煤炭学报,2010,35(3):406-410.
[189] 程远平,付建华,俞启香. 中国煤矿瓦斯抽采技术的发展[J]. 采矿与安全工程学报, 2007,26(2):127-139.
[190] 涂敏,袁亮,缪协兴,等. 保护层卸压开采煤层变形与增透效应研究[J]. 煤炭科学技术,2013,41(1):40-43.
[191] 谢和平,周宏伟,刘建锋,等. 不同开采条件下采动力学行为研究[J]. 煤炭学报,2011,36(7):1067-1074.
[192] 赵阳升,秦惠增,白其峥. 煤层瓦斯流动的固－气耦合数学模型及数值解法的研究

[J]. 固体力学学报,1994,15(1):49-57.
[193] Zhou Xiaoping, Ha Qiuling, Zhang Yongxing, et al. Analysis of the deformation localization and the complete stress-strain relation for brittle rock subjected to dynamic compressive loads[J]. Int. J. Rock Mech. Min. Sci, 2004(2): 311-319.
[194] Horii H, Nemat-Nasser S. Brittle failure in compression: splitting, faulting and brittle-ductile transition[J]. Philosophical Transactions for the Royal Society of London. Series A, Mathematical and Physical Sciences, 1986: 337-374.
[195] 秦伟,许家林,彭小亚. 本煤层超前卸压瓦斯抽采的固-气耦合试验[J]. 中国矿业大学学报,2012,41(6):900-905.
[196] 马丕梁,范启炜. 我国煤矿抽放瓦斯现状及展望[J]. 中国煤炭,2004,30(2):5-7.
[197] 俞启香,周世宁. 我国煤矿瓦斯抽放及21世纪展望[C]//中国煤炭学会(China Coal Society). 21世纪中国煤炭工业第五次全国会员代表大会暨学术研讨会论文集,2001:7.
[198] 蔡寒宇,马天军. 演马庄矿回采工作面网格抽放技术的应用[J]. 煤矿安全,2007,38(10):20-23.
[199] 张建国,林柏泉,叶青. 工作面卸压区浅孔瓦斯抽放技术研究[J]. 采矿与安全工程学报,2006,23(4):432-436.